高等职业教育建筑设计类专业"十三五"系列教材

建筑设计基础

主 编　李 薇　冯宁馨

副主编　张春华　杨 政

参 编　叶财华　孙晓波

机械工业出版社

本书为建筑设计基础教材，是总结编者近几年建筑设计基础的教学经验编写而成的。本书结合高职高专课程改革精神，吸取传统教材优点，充分考虑高职就业实际，主要分4章进行讲解。

　　本书适合建筑设计类专业的学生使用，也可供有关专业的学生及设计人员参考。

图书在版编目（CIP）数据

建筑设计基础/李薇，冯宁馨主编．—北京：机械工业出版社，2018.10（2024.1重印）

高等职业教育建筑设计类专业"十三五"系列教材

ISBN 978-7-111-60982-7

Ⅰ．①建…　Ⅱ．①李…②冯…　Ⅲ．①建筑设计–高等职业教育–教材　Ⅳ．①TU2

中国版本图书馆 CIP 数据核字（2018）第 216041 号

机械工业出版社（北京市百万庄大街 22 号　邮政编码 100037）

策划编辑：常金锋　覃密道　责任编辑：常金锋

责任校对：王　欣　潘　蕊　封面设计：路恩中

责任印制：郜　敏

北京富资园科技发展有限公司印刷

2024 年 1 月第 1 版第 4 次印刷

184mm×260mm・6.75 印张・156 千字

标准书号：ISBN 978-7-111-60982-7

定价：33.00 元

电话服务　　　　　　　　　　网络服务

客服电话：010-88361066　　机　工　官　网：www.cmpbook.com

　　　　　010-88379833　　机　工　官　博：weibo.com/cmp1952

　　　　　010-68326294　　金　书　网：www.golden-book.com

封底无防伪标均为盗版　　机工教育服务网：www.cmpedu.com

前　言

　　建筑学是一门综合性很强的学科，涉及多方面的知识。"建筑设计基础"作为建筑设计教学环节中的入门课，对初学者，尤其是高职院校的学生来说是非常重要的。由于受学时的限制，这门课难以在短时间内系统地阐述建筑设计的基本理论和技能要求，而如果一味强调枯燥的技能训练又会影响学生的学习兴趣和学习热情。编者分析了部分高职院校的建筑设计基础教育的教材，取其所长，结合教学实际以学期内容的安排为基础编写了本书。希望通过本书的介绍，可以帮助学生建立基本的建筑空间概念，以及对空间的认知和体验，从而为后续的建筑设计教学做好铺垫和准备。基于以上考虑，本书的内容注重的是建筑设计学习中的基本专题，以帮助学生了解如何体验和思考建筑，如何构思建筑方案设计。本书选用了许多国内外的经典建筑，以方便学生拓宽知识面，内容浅显易懂，适合高职院校的建筑设计基础教学。

　　全书共分4章。第1章为建筑概述，介绍了建筑的含义、建筑的基本构成要素、建筑的分类和人体尺度等相关知识；第2章为建筑空间与空间组合，介绍了人与空间、功能与空间、建筑空间的处理等；第3章为建筑方案设计，介绍了建筑方案设计的基本方法；第4章为设计方案表达，介绍了建筑方案设计草图和建筑工程图的表达。

　　本书由泰州职业技术学院李薇、冯宁馨主编，张春华、杨政担任副主编，叶财华、孙晓波参编。本书由泰州职业技术学院教材建设项目资助，在此深表感谢！

　　由于编者理论水平和实践经验的限制，书中难免存在不足之处，恳请读者和相关人员给予批评指正！

编　者

目　　录

第 1 章

建筑概述

1.1 认识建筑

对于初学者，总是认为建筑就是房屋，但我们经常会看到有些构筑物不能当房子用，但它也是建筑，如埃及的金字塔、法国巴黎的凯旋门、南京的中山陵、应县木塔等（图1-1～图1-4）。英文的 House、Building 都不是完整意义的建筑，建筑应是 Architecture，除使用功能外，还有艺术性。

图1-1 埃及金字塔

图1-2 法国巴黎凯旋门

图1-3 南京中山陵

图1-4 应县木塔

近现代建筑理论认为，建筑（指建筑物）就是空间。关于建筑的空间性，我国春秋战国时期的著名哲学家老子（李耳），在他的著作《道德经》里早已说到："凿户牖以为室，当其无，有室之用。故，有之以为利，无之以为用。"意思是说，开凿门窗造房屋，有了门窗、四壁中空的空间，才具有房屋的作用。所以"有"（门窗、墙、屋顶等实体）所给人们的"利"（利益、功利），是要以"无"（即所形成的空间）起作用的。

建筑的目的是创造一种人为的环境，能为人们从事各种活动提供所需的场所。生活起居、交谈休息、用餐、购物、上课、科研、开会、就诊、看书阅览、观看演出、体育活动以及车间劳动等，都在建筑空间中进行。而这也说明学习建筑学，须涉及多方面知识。

建筑首先必须满足人的活动需要。建筑为人所造，供人所用。随着社会生产力的提高、技术的进步，人们也在不断地改善自己的居住环境，开始在地面上建造房子。房屋不但在建造技术上有所进步，而且渐渐分门别类，以适应人们在不同时期对空间的需求，不但有居住空间，还出现了宫殿、庙宇及其他类型的建筑形式。

建筑作为人们生活的庇护所，在自然及社会体系中具有举足轻重的地位。与其他设计产品相比，它更为人类所必需；同绘画、文学、音乐、表演等艺术形式相比，它又受到更多物化的约束。建筑创造的不仅是具体的生活构架，更可以折射出人类文明的进程。

首先，建筑是实用艺术，它以实用为目的。最初原始先民筑巢建屋都是基于"遮风雨""避群害"的目的（图1-5）；历经千百年后，建筑仍然以居住为起因和结果，依存于其实用性。

另一方面，建筑不是简单的机能性复制品，它是有生命和意涵的构筑物。德国诗人约翰·克里斯汀·费雷德瑞·荷尔德林曾写到，"人，本应诗意地居住在大地上"。此言实则赋予建筑物更多情境相融的精神功能，建筑必须"完成从它的实用功能到神圣意义的转变"。也就是说，建筑是人们维持生活的"容器"，以高效、充满智慧的方式服务于使用目的，需要满足使用者的物质需求；同时它还通过形式表达思想和情感，引导观

图1-5　原始建筑物

者积极参与，激发大众的期许与想象，具有精神功能。

再则，建筑属于世界，也"述说"着世界。它通过特有的语汇构成空间形态，以指示性意义诠释自然，以象征性途径宣扬某种社会价值，表现美学意蕴，甚至影响道德伦理。

因此，建筑的意义在于它使建筑物、气候、文化相互影响，达成一致。它涉及多个领域，横跨艺术和科学、美学和实践；尊重传统的重要性和普遍规律，满足人类实践与情感需要；凝聚诸多社会要素，代表文化繁荣和时代进步，是一种伟大的综合艺术。

1. 建筑与自然

正如《园冶》中所论述的那样，"巧于因借，精于体宜"。对于环境，人们可以利用、改造并重新创造。所以说建筑是自然和人类之间的物质、能源及信息的传递与交换媒介。

建筑可以顺应地貌，拉近与自然的距离，像植物一样破土生长。无论是主张有机建筑理论的赖特，还是注重地方性与人性化的阿尔瓦·阿尔托，都创造出大量融入自然的作品（图1-6、图1-7）。一些以可持续发展为目标的当代建筑，也充分尊重自然。建筑还可以完

全与周围环境相对立，随之形成的建筑则显得与众不同，且独立于周围其他建筑和环境之外。除此之外，还有一些建筑以婉转的"言辞"回避与环境之间的直接交锋，采用底层架空等手法应对各种地貌。

图1-6　赖特　流水别墅　　　　　　　图1-7　阿尔瓦·阿尔托　帕米欧疗养院

2. 建筑与人

建筑与雕塑艺术完全不同，雕塑即使有可以进入的空间，也不必包含任何使用行为，而建筑与人的关系是复杂而细腻的，"建筑是人行的殿堂"。从宏观上看，人类生活的改变与拓展，是建筑物逐渐分化出居住、商业、交通、体育、娱乐、文教、展览、观演、纪念、工业等专门形制的基础。

建筑的实用价值决定了它必须服从于人，并建立舒适、有效的空间秩序和便于识别的特定场所，以体现对生命的直接关注。使用者是主体，因此建筑与人体工程学息息相关，它包括人的性别、年龄、个体差异和站立、坐、卧、行走等不同姿态以及行为模式，不同使用对象其设计定位亦不同，如针对残疾人、老年人等，就应该考虑无障碍设计。可见，建筑从空间功能到形态尺度、从概念到建造，都必须考虑人的生理、心理特征以及行为习性，其要素与环节无不关乎于人。

另外，建筑设计还与工业设计、装饰设计等领域在手法与材料等方面日益交叉融合。它深入延展到室内空间、家具、陈设、设施等各个要素，使建筑真正具备了微观上的"以人为本"。

3. 建筑与建筑

建筑在构成城市环境空间的同时，既具备相对独立的个性特征，又与既有文脉（一般是指建筑所坐落的地点或位置）保持连续性关系。建筑一经建造，势必存在几十甚至上百年的很长一段时间，因而需要慎重考虑它所处的地理位置和产生的影响。

以贝聿铭先生的美国国家美术馆东馆为例（图1-8），东馆位于一块梯形地段，东望国会大厦，南临林荫广场，北面斜靠宾夕法尼亚大道，西隔100余米正对西馆东翼，附近大多是古典风格的重要公共建筑。为了获得亲切的建筑外表和活泼的空间，设计中将梯形地形的对角相连，分割出了一个等腰三角形和一个直角三角形，以三角形为母题作加减法处理。在东西馆之间还别出心裁地设计了一个7000m²的小广场。基于西馆完全对称式的构图，东馆的西立面采用了完全对称的"H"形；东馆虽是现代建筑风格，却塑造了一种哥特式塔楼的

3

意向，这是一种对于历史演变的尊重，同时也是东馆作为老馆的一个扩建，对老馆建筑风格表示出的一种尊重和延续。

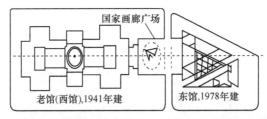

图1-8   美国国家美术馆东馆

1.2   建筑的基本构成要素

公元前1世纪，罗马建筑师维特鲁威提出建筑应当实用、坚固、美观，因此建筑功能、物质技术条件和建筑形象构成了建筑的三要素。

1.2.1   建筑功能

建筑功能是指建筑的类型和使用者对其的使用要求，因此建筑应满足以下功能要求。

1. 使用功能

建筑根据不同的使用要求可以分为很多类型，不同类型的建筑有不同的使用功能要求。

如车站建筑要求人流货流畅通；影剧院不但要看得见、还要听得清，且疏散快；工业厂房要求符合产品的生产工艺流程；实验室对温度、湿度有特殊要求。这些都直接影响着建筑物的使用功能。

2. 空间功能

建筑设计应使建筑满足人在使用中的人体尺度和人体活动所需的空间尺度的要求。如幼儿园建筑的楼梯踏步高度、窗台高度、黑板的高度等，均应满足儿童的使用要求；医院建筑中的病房设计，应考虑通道必须能够保证移动病床顺利进出的要求。家具尺寸也反映出人体的基本尺度，不符合人体尺度的家具会给使用者带来不舒适感。

3. 环境功能

建筑设计应使建筑具有良好的保温、隔声、防潮、防水、采光及通风的性能，这也是人们进行生产和生活活动所必需的条件。

另外，建筑设计中如果无视使用者的需求，会对使用者的身心和行为都会产生各种消极影响。如居住建筑的私密性与邻里沟通的问题；老年居所与青年公寓由于使用主体生活方式和行为方式的巨大差异，对具体建筑设计也应有不同的考虑，如若千篇一律，必将会导致使用者心理接受的不利。

1.2.2 物质技术条件

建筑的物质技术条件主要是指房屋用什么建造和怎样去建造，一般包括建筑的结构、材料、施工技术和建筑中的各种设备等。

1. 建筑结构

结构是建筑的骨架，为建筑提供合乎使用的空间并承受全部的荷载，抵抗由于风雪、地震、土壤沉陷、温度变化等可能对建筑引起的损坏。结构的坚固程度直接影响建筑物的安全和使用寿命。

梁板柱结构和拱券结构是人类最早采用的两种结构形式，钢筋混凝土的使用大大增加了梁和拱的跨度，这两种结构仍然为目前最常采用的结构形式。随着科学技术的发展与进步，人们能够对结构的受力情况进行演算与分析，相继出现了桁架、网架、刚架和悬挑结构（图1-9～图1-12）。钢材的高强度、混凝土的可塑性以及多种多样的塑胶合成材料，使人们从大自然的启示中创造出诸如壳体、悬索、折板、薄膜等多种新型结构形式（图1-13～图1-16），为建筑提供了更为灵活多样的空间形式。

图1-9 桁架结构

图1-10 网架结构

图 1-11　刚架结构

图 1-12　悬挑结构

图 1-13　壳体结构

图 1-14　悬索结构

图 1-15　折板结构

图 1-16　薄膜结构

2. 建筑材料

建筑材料是建筑的物质基础。建筑材料决定了建筑的形式和施工方法。建筑材料的数量、质量、品种、规格以及外观、色彩等，都在很大程度上影响建筑的功能和质量，影响建筑的适用性、艺术性和耐久性。新材料的出现，促使建筑形式发生变化、结构设计方法得以改进、施工技术得到革新。现代材料科学技术的进步为建筑学和建筑技术的发展提供了新的可能。

为了使建筑满足适用、坚固、耐久、美观等基本要求，材料在建筑物的各个部位，应充分发挥各自的作用，分别满足各种不同的需求。如高层或大跨度建筑中的结构材料，要求是轻质、高强的；冷藏库建筑必须采用高效能的绝热材料，防水材料要求致密不透水；影剧院、音乐厅为了达到良好的音响效果需要采用优质的吸声材料；大型公共建筑及纪念性建筑的立面材料，要求具有较高的装饰性与耐久性。

材料的合理化使用和最优化设计，可让使用于建筑上的所有材料能最大限度地发挥其本身的效能，合理、经济地满足建筑功能上的各种要求。在建筑设计中，还常常通过对材料和构造上的处理来反映建筑的艺术性，通过对材料造型、线条、色彩、光泽、质感等多方面的综合运用，来实现设计构思。当然，在选用任何材料时都应该注意就地取材，不能忽视材料的经济性。

3. 建筑施工与设备

建筑物通过施工把设计变为现实。建筑施工一般包括两个方面：一是施工技术，即人的操作熟练程度、施工工具和机械、施工方法等；二是施工组织，即材料的运输、进度的安排、人力的调配等。装配化、机械化、工厂化可以大大提高建筑施工的速度，但它们必须以设计的定型化为前提。目前，我国许多城市已逐步形成了设计与施工配套的全装配大板、框架挂墙板、现浇大模板等工业化体系。

建筑完成土建施工后还必须安装相应的设备才能满足其基本的使用功能需求，建筑设备主要包括以下几个系统：物理环境控制系统、给水排水系统、暖通空调系统、电气及供电系统、火灾自动报警系统等。

1.2.3 建筑形象

建筑是为人服务的实用艺术，抽象、复杂的建筑内容也会转化为具体、综合的建筑形式；形象是内容与形式的综合反映和表现，它与建筑师对形式的把握以及人们对建筑形式的感知、理解、认同等因素有关；形体语言、装饰语言、象征语言是建筑师表现建筑形象的基本途径。

为了便于学习，下面介绍在设计中应注意的一些基本原则。主要包括：比例、尺度、对比、韵律、均衡与稳定等。

1. 比例

比例是指建筑的各种大小、高矮、长短、宽窄、厚薄、深浅等的比较关系。建筑各部分之间以及各部分自身都存在着这种比较关系，犹如人的身体有高矮胖瘦等总的体形比例，又有头部与四肢、上肢与下肢的比较关系，而头部本身又有五官位置的比例关系。在设计中可以用几何分析法来探索最佳的比例关系（图 1-17）。

2. 尺度

尺度主要是指建筑的整体或局部与人体之间在度量上的制约关系。建筑中一些构件是人经常接触或使用的，其尺寸大小都较为熟悉，如栏杆、踏步、窗台等。这些构件就像建筑物上的尺子，人们会习惯性地用它们来衡量建筑物的大小（图 1-18）。在建筑设计中一般都会真实反映它们的实际大小，使得它们与给人印象的大小相符，如果忽略了这一点，随意放大或缩小某些构件尺寸就会使人产生错觉，如大而不见其大或小题大做等。

3. 对比

对比可以起到强调和夸张的作用，它需要一定的前提，即对比双方要针对某一共同因素或方面进行比较。如建筑形象中的方与圆——形状对比，光滑与粗糙——材料质感对比，水

7

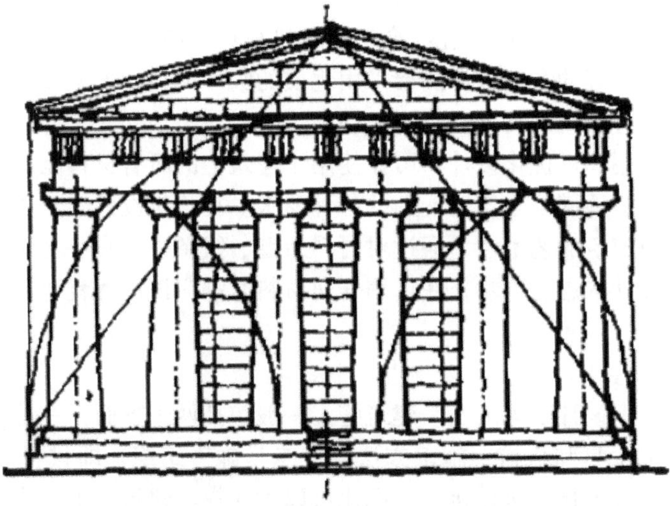

图 1-17　该建筑正立面山尖最高点与基座两端连线接近于正
三角形，以基座为直径作半圆正好与檐板上皮相切

图 1-18　通过栏杆这种常见的具有确定高度的要素与
其他部分相对比而有效地显示出整体的尺度

平与垂直——方向对比，其他还有光与影的对比、虚实对比等。

在设计中若能成功地运用对比可以获得丰富多彩或突出重点的效果，若使用不当会显得杂乱无章。

　　对比的反义是调和，调和可以看成是极微弱的对比。在设计中常用色彩、形状等的过渡和呼应来削弱对比的程度，调和的效果是使人感到统一和完美，但处理不当会使人感到单调乏味（图 1-19、图 1-20）。

図 1-19 高直教堂的内檐装修

运用大小不同的尖拱进行组合，充满了对比与微差，和谐统一且富有变化

4. 韵律

　　有规律的变化或重复出现会给人一种很明显的韵律感，就像乐曲中的节奏一般。建筑中的许多部分或因功能需要、或因结构安排，常常按一定的规律重复出现，如窗户、阳台和墙面的重复，柱与空廊的重复等，都会产生一定的韵律感（图 1-21、图 1-22）。

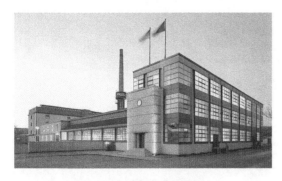

図 1-20 建筑的虚实对比

図 1-21 古罗马输水道

共三层，分别以三种不同大小的半圆形拱重复

连续地排列，具有连续的韵律感

5. 均衡与稳定

建筑的均衡主要是指建筑的前后左右各部分之间的关系，要给人安定平衡和完整的感觉。最简单的方式就是对称布置（图1-23），也可以用一边高起一边平铺，或一边一个大体积一边几个小体积的方式来处理。

不同的处理方式给人的感受也是不同的。一般而言，对称式布置给人严肃庄重的感受，非对称式布置则给人以轻快活泼的效果。

 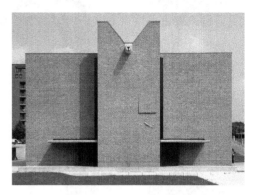

图 1-22　不同形式的造型连续排列　　　　　　图 1-23　对称的平衡
　　　　　产生富有韵律的建筑立面

稳定主要是指建筑物的上下关系在造型上所产生的一定艺术效果。根据日常经验，物体的稳定与其重心位置有关。当建筑物的形心不超过其底面积时容易取得稳定感。上小下大的造型稳定感强烈。也有一些建筑在取得整体稳定的同时强调其动态（图1-24），以表达一定的设计意图。在近代建筑中还常通过表现材料的力学性能、结构的受力合理等，以取得造型的稳定感。

图 1-24　动态的平衡

1.3　建筑的分类

1.3.1　建筑的类型划分

1. 建筑物按照使用性质分类

（1）生产性建筑　包括工业建筑、农业建筑。

1）工业建筑：为生产服务的各类建筑，也可以叫厂房类建筑，如生产车间、辅助车间、动力用房、仓储建筑等。厂房类建筑又可以分为单层厂房和多层厂房两大类。

2）农业建筑：用于农业、畜牧业生产和加工的建筑，如温室、畜禽饲养场、粮食与饲料加工站、农机修理站等。

（2）非生产性建筑　民用建筑。

2. 民用建筑分类

（1）按照民用建筑的使用功能分类　居住建筑、公共建筑。

1）居住建筑：主要是指提供家庭和集体生活起居用的建筑物，如住宅、公寓、别墅、宿舍等。

2）公共建筑：主要是指提供人们进行各种社会活动的建筑物。

① 行政办公建筑：机关、企事业单位的办公楼等。

② 文教建筑：学校、图书馆、文化宫等。

③ 托教建筑：托儿所、幼儿园等。

④ 科研建筑：研究所、科学实验楼等。

⑤ 医疗建筑：医院、门诊部、疗养院等。

⑥ 商业建筑：商店、商场、购物中心等。

⑦ 观览建筑：电影院、剧院等。

⑧ 体育建筑：体育馆、体育场、健身房、游泳池等。

⑨ 旅馆建筑：旅馆、宾馆、招待所等。

⑩ 交通建筑：航空港、水路客运站、火车站、汽车站、地铁站等。

⑪ 通信广播建筑：电信楼、广播电视台、邮电局等。

⑫ 园林建筑：公园、动物园、植物园、亭台楼榭等。

⑬ 纪念性建筑：纪念堂、纪念碑、陵园等。

⑭ 其他建筑：监狱、派出所、消防站等。

（2）按照民用建筑的规模大小分类　大量性建筑、大型性建筑。

1）大量性建筑：指建筑规模不大，但修建数量很多的，与人们生活密切相关的，分布面广的建筑。如住宅、中小学校、医院、中小型影剧院、中小型工厂等。

2）大型性建筑：指规模大，耗资多的建筑。如大型体育馆、大型影剧院、航空港、火车站、博物馆、大型工厂等。

（3）按照民用建筑的层数分类　低层建筑、多层建筑、中高层建筑、高层建筑、超高层建筑。

1）低层建筑：指 1~3 层建筑。

2）多层建筑：指 4~6 层建筑。

3）中高层建筑：指 7~9 层建筑。

4）高层建筑：指 10 层以上住宅以及建筑高度超过 24m 的公共建筑。

5）超高层建筑：建筑物高度超过 100m 时，不论住宅或者公共建筑均为超高层建筑。

（4）按照主要承重结构材料分类　木结构建筑、砖木结构建筑、砖混结构建筑、钢筋混凝土结构建筑、钢结构建筑、其他结构建筑。

11

1.3.2 建筑物的等级划分

1. 建筑物的耐久性能划分（表1-1）

表1-1 建筑物的耐久性能划分

类　　别	设计使用年限/年	示　　例
1	5	临时性建筑
2	25	易于替换结构构件的建筑
3	50	普通建筑和构筑物
4	100	纪念性建筑和特别重要的建筑

2. 按耐火性能划分（表1-2）

表1-2 建筑物构件的燃烧性能和耐火极限 （单位：h）

构件名称		耐火等级			
		一级	二级	三级	四级
墙	防火墙	不燃烧体3.00	不燃烧体3.00	不燃烧体3.00	不燃烧体3.00
	承重墙	不燃烧体3.00	不燃烧体2.50	不燃烧体2.00	难燃烧体0.50
	非承重墙	不燃烧体1.00	不燃烧体1.00	不燃烧体0.50	燃烧体
	楼梯间的墙 电梯井的墙 住宅单元之间的墙 住宅分户墙	不燃烧体2.00	不燃烧体2.00	不燃烧体1.50	难燃烧体0.50
	疏散走道两侧的隔墙	不燃烧体1.00	不燃烧体1.00	不燃烧体0.50	难燃烧体0.25
	房间隔墙	不燃烧体0.75	不燃烧体0.50	不燃烧体0.50	难燃烧体0.25
柱		不燃烧体3.00	不燃烧体2.50	不燃烧体2.00	难燃烧体0.50
梁		不燃烧体2.00	不燃烧体1.50	不燃烧体1.00	难燃烧体0.50
楼板		不燃烧体1.50	不燃烧体1.00	不燃烧体0.50	燃烧体
屋顶承重构件		不燃烧体1.50	不燃烧体1.00	燃烧体	燃烧体
疏散楼梯		不燃烧体1.50	不燃烧体1.00	不燃烧体0.50	燃烧体
吊顶（包括吊顶格栅）		不燃烧体0.25	难燃烧体0.25	难燃烧体0.15	燃烧体

耐火等级是衡量建筑物耐火程度的指标，它是由组成建筑物构件的燃烧性能和耐火极限的最低值所决定的。

建筑的耐火等级可分为四级，一级的耐火性能最好，四级最差。性能重要的或者规模宏大的或者具有代表性的建筑，通常按一、二级耐火等级进行设计；大量性的或一般性的建筑按二、三级耐火等级设计；次要的或者临时建筑按四级耐火等级设计。耐火等级按耐火极限和燃烧性能这两个因素确定。

耐火极限：是指任一建筑构件在规定的耐火试验条件下，从受到火的作用时起到失去支持能力，完整性被破坏，失去隔火作用时为止的这段时间，单位用"h"表示。

燃烧性能：把构件的耐火性能分成不燃烧体、燃烧体和难燃烧体。

1.4 人体尺度与建筑设计

1.4.1 人体尺度

1. 人体活动尺度

人体的活动尺度与其所活动的建筑空间具有非常密切的关系，为了满足使用者行为活动的需要，首先应熟悉人体活动的基本尺度。

（1）人体静态尺度 人体静态尺度主要是确定人在坐、立等状态下的基本尺度。不同国家、不同地区的人体的平均身高是不同的。我国按中等地区人体调查的平均身高，成年男子身高为1670mm，成年女子为1560mm。

设计过程中应遵循"以人为本"的原则，在运用人体基本尺度时，除了考虑地区、年龄等差别外还应注意以下几点。

1）标准的人体测量尺寸是近乎裸体的、静态的，不能直接作为设计尺寸，应视具体情况在一定幅度内取值，并酌情增加穿鞋带帽的高度。如在设计楼梯净高、栏杆安全高度、地下室与阁楼净高、门洞高度、淋浴花洒安装高度、床上的净空高度时，应取男子身高幅度的上限值，即1.74m；在设计楼梯踏步、碗柜、搁板、盥洗台、家务操作台等高度时，应取女子的平均身高，即1.56m。以上参数考虑人穿鞋需另加20mm的高度。

2）身高随时代发展而变化。近年来我国很多城市青少年平均身高有明显的增高趋势，所以在使用原有资料数据时应根据现状适当调整。

3）特殊使用者的人体尺度取值也应稍作调整。如老年人比成年人身高略低，一些运动员和外国人身高较高，乘坐轮椅的残疾人应将人与轮椅结合起来考虑其尺度。

（2）人体动态尺度 人在社会活动中不仅要着衣，还要提携物品，并与一定的家具设备发生关系，因此还应测量人在各种社会活动中的尺度（图1-25）。

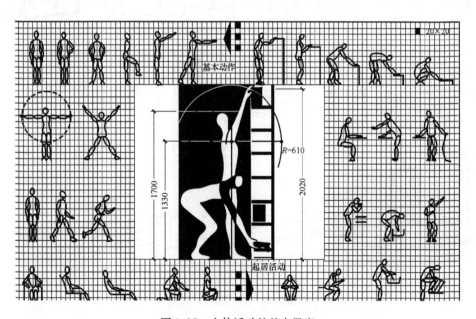

图1-25 人体活动的基本尺度

13

2. 常用家具设备尺寸

在建筑设计时，必定会考虑室内空间、家具陈设等与人体尺度的关系。为了设计合理的建筑空间，下面介绍一些常用的尺寸数据（图1-26）。

图1-26　常用家具尺寸

3. 人体尺度对建筑设计的影响

人体尺度为建筑设计提供了大量的科学依据，使建筑的空间环境在设计时更加精确，主要表现在以下几个方面。

1）根据人体尺度，将家具科学分类，合理确定家具各部分的尺寸，使其既能满足使用要求，又能节省材料。

2）人体尺度、动作范围的尺寸为确定室内空间尺度、家具设备的布置提供了定量依据，增强了室内空间设计的科学性（图1-27）。

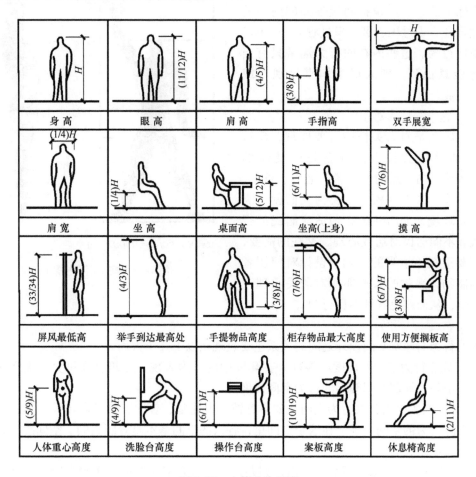

图 1-27　人体动作尺度

3）室内环境要素参数的测定，有利于合理地选择建筑设备和确定建筑的构造做法。

4）建筑艺术是功能和形式的完美统一，建筑空间环境引起的美观和其使用舒适分不开，因此建筑的美观在一定程度上也受人体尺度的影响。建筑大师柯布西耶研究了人体各部分尺度，认为它符合黄金分割等数学规律，从而建立了他的模数制，并将其应用于建筑设计中（图1-28）。

1.4.2　行为建筑学

1. 行为的定义

人的行为包括人的动机、感觉、知觉、认知，再做出反应等一系列心理活动和外显行为，并且这一行为过程始终与周围环境的相互作用有关。可以简要地界定为：人在与外界相互作用时为实现某种预期的目的（或出于潜意识）而用自身的机体所做出的连续反应或连续活动的过程。

行为又有广义和狭义之分：狭义的行为是指能被观察到的一切外在的活动；而广义的行为除上述外，尚包括间接推知的内在的心理过程（意识过程、潜意识过程），这也可称为隐性行为。这些内在的行为通常只有当事人才能意识到，别人很难作直接观察或预测。

2. 研究人的行为对空间的意义

行为研究是对人关怀的重要体现，建筑师不是抽象地关怀人，而应关怀具体的人——各种不同特点的使用者：老人、青年、儿童、妇女，甚至残疾人。要为人们创造满意的空间环境，如居住区必须适应居民的行为模式和不同居民对居住心理、交往的需要，并且还要重视不恰当的规划、设计对使用者行为的制约，恶劣的人造环境对居民心理产生的影响，从而避免各种不良行为。

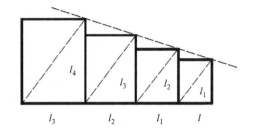

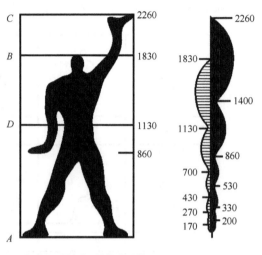

$AD = DC$，$BD/AD = AD/(AD + BD)$

图 1-28　柯布西耶模数尺

3. 人的行为与建筑设计

人的行为与建筑空间设计之间的关系主要表现在以下几个方面。

（1）确定行为空间的尺度　根据人在环境中的行为表现，建筑空间可分为大空间、中空间、小空间及局部空间等不同行为空间尺度。

1）大空间主要指公共行为空间，如体育馆、大礼堂、餐厅、大型商场等，其特点是要处理好人际行为的空间关系。在这个空间里，各人的空间基本是等距离的，空间感是开放性的，空间尺度是大的。

2）中空间主要指事务行为的空间，如办公室、研究室、教室和实验室等。这类空间既不是单一的个人空间，又不是相互没有联系的公共空间，而是少数人由于某种事务的关联而聚合在一起的行为空间。这类空间既有开放性又有私密性。

3）小空间一般指具有较强个人行为的空间，如卧室、客房、档案室、资料库等。这类空间的最大特点是具有较强的私密性，空间的尺度都不大，主要满足个人的行为活动要求。

4）局部空间主要指人体功能尺寸空间。该空间尺度的大小主要取决于人的活动范围。当人在站、立、坐、卧、跪的活动时，其空间大小主要满足人的静态活动要求；当人在走、跑、跳、爬时，其空间大小主要满足人的动态活动要求。

（2）确定行为空间的分布　根据人在环境中的行为状态，行为空间的分布表现为有规则和无规则两种情况。

1）有规则的行为空间：这种空间主要表现为前后、左右、上下及指向性等分布状态。这类空间多数为公共空间。

前后状态的行为空间，如演讲厅、观众厅、普通教室等具有公共行为的空间。在这类空间中，人群基本分为前后两个部分，每一部分都有自己的行为特点，又相互影响。因此这类空间在设计时，首先要根据周围环境和各自的行为特点将两个空间分为形状大小不同的空间，两个空间的距离则根据两种行为的相关程度和行为表现以及知觉要求来决定。各部分的人群分布要根据行为要求，特别是人际距离来考虑。

左右状态的行为空间，多见于展览厅、商品陈列厅、画廊、室内步行街等具有公共行为的空间。在这类空间中，人群分布呈水平展开，并多数呈左右分布状态。这类空间分布特点具有连续性。设计时，首先要考虑人的行为流程，确定行为空间秩序，然后再确定空间距离和形态。

上下状态的行为空间，如电梯厅、中庭、下沉式广场等具有上下交往行为的空间。在这类空间里，人的行为表现为聚合状态。故此类空间的设计，关键要解决安全和疏散问题，经常采用按照消防分区的方法来分隔空间。

指向性状态的行为空间，如门厅、走廊、通道等具有显著方向感的空间。人在这类空间中的行为状态通常是往某个方向流动的，指向性很强。故这类空间在设计时，特别要注意人的行为习性，空间方向要明确，并具有引导性。

2）无规则的行为空间：无规则的行为空间常见于个人行为较强的空间，如居室、办公室等。人在这类空间中的分布状态多数为随意的，故这类空间在设计时，特别要注意灵活性，能适应人的多种行为要求。

（3）确定行为空间的形态　人在空间中的行为表现具有很大的灵活性，即使是行为很有秩序的空间，其行为表现也具有较大的灵活性和机动性。行为和空间形态的关系也就是我们常说的内容和形式的关系。实践证明，一种内容有多种形式，一种形式有多种内容。归根结底，空间的形态是多种多样的。比如，上课教学的行为。方形、长方形、马蹄形教室均能上课；相反，方形的空间既可以上课，也可以开会、跳舞等。

常见的空间形态基本图形有圆形、方形、三角形及其变异图形，如长方形、椭圆形、钟形、马蹄形、梯形、菱形、L形等，以长方形居多。究竟采用哪一种空间形态，就要根据人在空间中的行为表现、活动范围、分布状况、知觉要求、环境可能性，以及物质技术条件等因素来研究确定。

4. 人际行为与交往空间

人际行为是指有一定人际关系的各方表现出来的相互作用的行为。这是一种内容广泛、错综复杂的行为。人际行为是实现社交需要所要表现出来的人际间的交往行为，这是一种感情的交流、信息的交换以及礼节的需要。

社交行为所需要的交往空间也是多种多样的，可分为正规的社交活动空间、一般的社交活动空间和随机的交往场所。正规的社交活动空间是固定的，并有特定的环境氛围，如礼堂、会议厅、接待厅等，其环境氛围要求明亮、大方、端庄、豪华。一般的社交活动空间是不固定的，其环境氛围以及对空间私密性要求不高，有一个安静祥和的交往场所即可。随机的交往场所其空间环境更加灵活，如亲朋好友间的交往，可以在家中，也可以在公共场所的一角，还可以借助于餐桌或者某个娱乐场所的一角，其环境氛围要求具有团聚的气氛，能够安静亲切，不受外界干扰。

当今社会发展向后工业社会、信息社会过渡，建筑设计应强调"以人为本""为人服务"的宗旨，从人自身出发，建立在以人为主体的前提下研究人的一切行为对建筑空间设计的新思路。

第 2 章

建筑空间与空间组合

建筑的空间观念是以人为的空间为主体的，是人们为了满足生产或生活的需要，运用各种建筑主要要素与形式所构成的内部空间与外部空间的统称。它包括墙、地面、屋顶、门窗等围成的建筑内部空间，以及建筑物与周围环境中的树木、山峦、水面、街道、广场等形成的建筑外部空间。

2.1 人与空间

空间是物质存在的一种客观形式，由长度、宽度和高度表现出来。如果将建筑比喻成一个容器，空间就是其容积。空间是和实体相对存在的，人们对空间的感受又是借助实体而得到的。为了获得自己所需要的空间，通常可以采用围合或分隔的方式来组织空间，并通过不同的形式塑造不同氛围的空间。

空间有实有虚。被形态所包围、限定的空间为实空间，其他部分称为虚空间，虚空间是依赖于实空间而存在的。所以，脱离了形体谈空间是毫无意义的，正如谈形体要联系空间一样，它们互为穿插、渗透，形体依存于空间之中。

2.1.1 人对空间的感受

大自然的空间是无限的，人们需要在生活中通过各种方式和手段获得满足自己所需要的空间。一般来说，空间意识产生于视觉、触觉、运动感觉和心理感觉。这些意识感知的空间其性质是不同的，可依次称为视觉空间、触觉空间、运动空间及心理空间。

空间艺术是在使用基础上对空间提出的精神心理的审美需要，包括各种审美的形式：优美的、悲伤的、和谐的……人们在营造生活空间的同时观注这些审美心理，营造各式各样的精神氛围，这样的空间也就是艺术的空间。通常我们会根据人的心理感受，将空间分为实空间和虚空间、私密空间与公共空间等类型。因而，建筑艺术这种狭义的空间种类是为满足人类各种生理心理的需求而营造的空间典型代表。建筑可以在现实中利用不同性质的空间来驾驭人的心理。与此同时，根据人的不同心理需要也可以创造各种各样的室内外建筑空间。如居住建筑的空间要满足安全、温暖的心理需求；宗教建筑空间要满足心灵祈祷、净化的需求；公共建筑空间要满足人们的工作、交流、娱乐需求等。

空间的形式又是复杂多样的。如人们在雨天打伞，可以给人取得一个暂时的空间，以免被淋雨，一把伞使他们感到与外界的隔绝（图2-1）。阳光下的一面墙，把空间分成向阳和背阴两部分，人们的感受也是不一样的，夏天向阳的人会觉得炎热，而背阴的则觉得

图 2-1 伞下的空间

凉爽（图2-2）。座椅布置方式不同，空间效果也不同，人的心理也随之改变：并排而坐的人缺少沟通交流，而面对面坐的人很快能熟悉起来（图2-3）。

图2-2　一面墙分隔的空间　　　　图2-3　火车上不同座位形成的空间

空间的心理感受直接受人体生理尺度和建筑形体尺度的影响，它们密不可分。根据人的生理特点，许多空间的划分都是由这两者的关系来决定的，如亲密空间、适宜空间、公共空间。各种类型空间正是为符合这些心理审美需要而产生的。当空间尺度在适宜范围以内为亲密空间，在这种空间里人的心理排斥感最为强烈。当两个陌生人之间的行为距离小于1m的时候，就是侵犯了他人的亲密空间。例如，当一个人占据椅子的一端时，陌生人就自然而然地占据另一端。当空间既不狭小，又不超大，空间的虚实恰恰与人体的行为尺度相符合时，人在心理上感到较为舒适。例如，住宅的起居空间尺度的设计，让人既感到安全，又不觉得压抑。在封闭的实空间内，当室内的虚实空间对比悬殊时，人们在心理上容易产生压抑感、神秘感或崇拜感。

2.1.2 建筑空间

1. 对建筑空间的理解

对使用者而言，建筑的本质就是建筑空间，人们建造房屋的根本目的正是能够为使用者提供合理舒适的空间。无视功能而片面追求形式的建筑是没有意义的，因此我们在设计建筑时首先要解决的就是功能问题。

当然，建筑的类型比较多，如果建筑类型不同，那么建筑的功能关系也不同，建筑内部各空间的形状、大小、数量及相互关系也不同。我们应该根据建筑的类型和功能要求，把功能的各组成部分转化为各种使用空间，并将其合理组织。

2. 建筑空间的分类

（1）封闭空间和开敞空间　建筑空间按围合方式可以分为封闭空间和开敞空间。

所谓封闭空间，是用限定性比较高的围护实体（承重墙、各类后砌墙、轻质板墙等）围合起来，在视觉、听觉等方面具有很强隔离性的空间（图2-4）。封闭性隔断了与周围环境的流动和渗透，其特点是内向、收敛和向心的，有很强的领域感、安全感和私密性，通常用作私密空间。

开敞空间是相对于封闭空间而言的，其开敞程度取决于有无侧界面，侧界面的围合程度，开洞的大小及启闭的控制能力等。开敞空间的界面围护的限定性较封闭空间要小，常采用虚面的形式来达到围合的目的（图 2-5）。

图 2-4　某酒店客房空间

图 2-5　某大学建筑物室内

开敞空间是外向性的，限定度和私密性小，强调与周围环境的交流、渗透，一般会通过对景、借景等手法，与大自然或周围空间融合。与同样大小的封闭空间相比较，开敞空间显得更大一些，心理效果表现为开朗、活跃，性格是接纳性的，通常可以用作公共空间。

（2）内部空间、外部空间和灰空间　建筑空间有内外之分。内部空间由墙、地面、屋顶、门窗等围合而成；外部空间由建筑物与建筑物之间或建筑物与周围环境而形成。但是在特定条件下，室内外空间的界限又不是泾渭分明的。例如四面开敞的亭子、透空的廊子、处于悬臂雨篷下的空间等（图 2-6）。

图 2-6　苏州园林建筑

"灰空间"是指介于上述室内外空间之间的过渡性空间，也就是半室内半室外、半封闭半开敞、半私密半公共的中介空间。这种空间在一定程度上模糊了空间的室内外界限，使两者成为一个有机整体，空间的连贯消除了内外空间的隔阂。一般建筑入口的门廊、庭院、外

21

廊等都属于灰空间（图2-7）。

（3）固定空间和可变空间　建筑空间还可以分为固定空间和可变空间。

固定空间的特点是功能基本明确、范围清晰肯定、位置相对固定、封闭性比较强，通常会用固定不变的界面围合而成，而且常用承重结构作为它的围合面。一般在设计时就已经充分考虑了它的使用情况。

可变空间是比较灵活的空间，正因为如此它也是受欢迎的空间形式之一，因为它可以根据不同的使用功能的需要而改变其空间形式；能够适应社会不断发展变化的要求，适应快节奏的社会人员变动而带来空间环境的变化；其灵活多变性满足了现代人求新、求变的心理。如多功能厅、标准单元、通用空间及虚拟空间都是可变空间的一种。

图2-7　某建筑物入口

（4）流通空间与滞留空间　根据空间不同的使用特点，可以分为流通空间和滞留空间。以教学楼为例，走道、大厅、楼梯间等各类交通空间属于流通空间，在使用过程中必须要满足畅通便捷的要求；教室属于滞留空间，设计时要注重安静稳定，能够合理地布置桌椅、讲台、黑板，便于教学活动的开展（图2-8）。

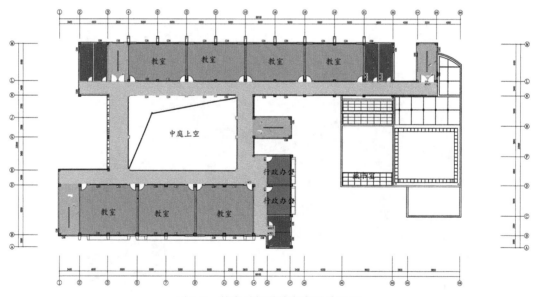

图2-8　某中学教学楼方案设计平面

（5）主导空间与从属空间　根据空间在建筑中作用的差异可以将空间分为主导空间和从属空间。以剧场空间为例，观众厅是主导空间，门厅、休息厅等为从属空间。观众厅是观众活动的主要空间，其体量、形状和位置决定了整个剧场的空间设计。门厅、休息厅等空间要保持与观众厅的紧密联系，因此从属空间的布置需要视其与主导空间的关系而定（图2-9）。

（6）其他类型

1）交错、穿插空间。现代的建筑空间已不满足于封闭规整的六面体和简单的层次划分，在水平方向上和垂直方向上打破常规，空间相互交错。特别是交通面积的相互穿插交错，颇像城市中的立体交通，在大的公共空间中，还可便于组织和疏散人流，在住宅一类的小空间中，也可增加很多情趣。

交错空间就是使空间相互交错配置，增加空间的层次变化和趣味。在空间的组合上常常采取灵活多样的手法，形成复杂多变的空间关系。这种设计通常用在公共建筑中，为了营造某种气氛和特殊效果，空间相互穿插，相互交错，充满动势（图2-10、图2-11）。

2）结构空间。建筑要依靠结构才能实现，现代建筑空间的结构也是多

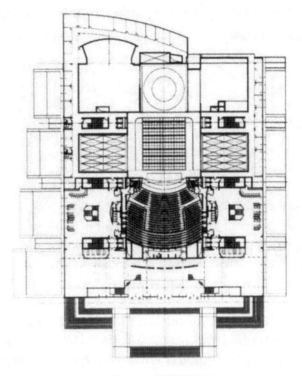

图 2-9　某剧院平面

种多样的。以往人们总是把建筑结构隐藏起来，表面加以装饰，而随着对于结构的认识越来越深刻，人们发现结构与形式美并不一定是矛盾的，科学而合理的结构往往是美的形态（图2-12）。

图 2-10　杭州芸台书社

图 2-11　华盛顿国家美术馆东馆

23

3）迷幻空间。迷幻空间主要是指一种追求神秘、新奇、光怪陆离、变化莫测的超现实主义的、戏剧化的空间形式。设计者从主观上为表现强烈的自我意识，利用超现实主义艺术的扭曲、变形、倒置、错位等手法，把家具、陈设、空间等造型元素组成奇形怪状的空间形态。如某高档品牌服饰店在空间装饰色彩上突出浓妆艳抹，采用红色装饰，表现出线性动感（图2-13）。

图2-12　钢结构玻璃穹顶　　　　　　　　　　图2-13　某品牌服饰店展厅

4）共享空间。共享空间是指公众共同使用的空间，是由美国建筑师波特曼根据人对环境的心理反应创造出来的建筑空间形式，它的基本功能是满足人们对环境的不同要求，并促进人们彼此之间更多的交往。一般处于大型公共建筑内的公共活动中心和交通枢纽，含有多种多样的空间要素和设施，具有综合性和灵活性的特点，空间处理手法极为丰富，满足"人看人"的心理要求（图2-14）。

图2-14　某商场中庭

2.2　功能与空间

建筑空间形式必须适合于功能要求，实际上这种关系表现为功能对于空间的一种制约性，简单说就是功能对空间的规定性。

这种规定性表现在单一空间形式中最明显。如一个房间，可以将其类比成一个容器，容器的功能在于盛放物品，不同的物品要求不同形式的容器，物品对于容器的空间形式概括起来有三个方面的规定性。

（1）量的规定性　即具有合适的大小和容量足以容纳物品。房间功能的差别直接影响着空间的差别。以住宅为例，一般情况下居室是所有房间中最大的，因为人的主要活动都集中在此，而且要满足一家人的生活起居要求就必须设置相应的家具，空间太小显然满足不了功能的要求。厨房则可以小一些，只需容纳必要的锅、炉、灶台以及少数人在其中活动就可以。卫生间可以更小一些，只要能容纳必要的卫生设备就可以满足使用要求。

（2）形的规定性　即具有合适的形状以适应盛放物品的要求。就房间形状而言，居室的使用要求比较复杂，因而需要考虑更大的灵活性，其形状不宜过于狭长。而厨房由于功能单一，只需合理布置相应的烹饪设备，即使是狭长一些的空间也不会影响使用要求。

（3）质的规定性　所围合的空间具有适当的条件（如温度、湿度），以防物品受到损害或变质。居室作为人们活动的中心，就门窗设置而言，为了获得更加充足的采光和通风条件，门的洞口应当开得大一些以利于内外交通，同时窗户的开窗面积也应当大一些。而厨房由于仅供个别人活动，门窗在保证使用方便和必要的通风采光的前提下可以相对小一些，至于卫生间的门窗则可以更小，因为它只需提供一个人的出入和最低限度的通风采光要求即可。

朝向对于人的生活也是非常重要的。由于人们的主要活动和大部分时间都是在居室中度过，因此居室必须尽量保证其具有良好的朝向，这样不仅冬暖夏凉，而且又能争取适当的光照以利于人的健康。

由此可见，功能是对于空间的规定性的一种体现，其中大小的差别是功能对于空间量的规定性的反映；形状的差别是功能对于空间形的规定性的反映；至于门窗设置和朝向要求的差别则涉及交通、日照、采光、通风等条件的优劣，实际上是功能对于空间质的规定性的反映。就单一空间（单个房间）而言，如果它所具有的空间形式在量、形、质等三方面都满足功能要求，那么这样的房间就是适用的。住宅中的居室、厨房、卫生间是这样，其他类型的房间也同样如此。

2.2.1　功能对单一空间的影响

建筑的基本单位是房间，而房间是以单一空间的形式出现的，不同性质的房间由于使用要求不同，其空间形式必然不同。下面就进一步探讨功能与空间形式的内在联系和制约关系。

1. 功能决定空间的"量"

所谓空间的"量"，是指空间的大小和容量，可以简单地理解为按照体积来考虑，但是在实际工作中为了方便起见，一般都是以平面面积作为设计依据。以住宅居室为例，为了满足基本的生活起居要求和理想的舒适程度，其面积和空间的容量应当有一个比较适当的下限

25

和上限。而我们所提出的功能对空间在大小或容量方面的规定性，就是指不要超过这个限度。

使用要求不同，房间的面积要求也不同。居室在住宅中是面积最大的空间，但与公共建筑的房间相比又是较小的。以教室为例，一间教室要容纳一个班（按 50 人计）的学生的教学活动，至少要布置 50 张桌椅，此外还需保证适当的交通走道，这样的教室面积明显要大于居室的面积。

因此，不同性质的房间因为功能的不同，其大小和容量也是有较大差异的。

2. 功能决定空间的"形"

当确定了空间的大小和容量之后就该确定空间的"形"了。所谓空间的"形"是指空间的几何形状，如正方体、长方体，或是三角形、圆形、扇形，甚至还有其他一些不规则形状。对于大多数房间而言，使用长方体的空间形式一般比较多见，但同时也会受长宽高三者比例关系的制约。虽然在满足使用功能的前提下，某些空间的形式可以有多种选择，然而对于特定环境下的功能空间，应该选取最为适宜的空间形状，这是一个优化组合的过程。以面积约 $50m^2$ 的教室为例，其平面尺寸可以设计成 $7m \times 7m$、$6m \times 8m$、$5m \times 10m$、$4m \times 12m$ 等，都可以满足，但是教室必须要保证较好的视听效果，正方形平面虽然听觉效果好，但是前排两侧的座位太偏易形成严重反光；而狭长的平面虽然可以避免反光的干扰，但是后排座位距离讲台又会太远，视听的效果均不佳。因此综合以上两种情况的利弊考虑，$6m \times 8m$ 的平面形式能较好地满足视听要求（图 2-15、图 2-16）。

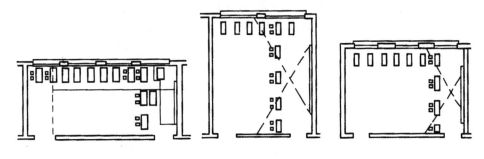

图 2-15　矩形平面教室的布置

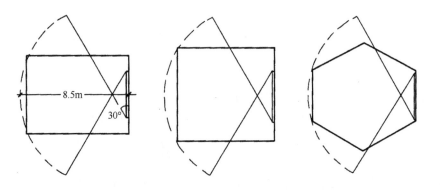

图 2-16　基本满足视听要求的平面范围和几种几何形状

在设计过程中，空间形式选择的标准是随着功能要求的不同而有所区别的。如幼儿园的活动室与教室空间有较大差异，其视听的要求并不是很严格，但却需要更多地考虑幼儿活动的灵活多样性，因此即使平面接近于正方形也不会影响功能需求。与之相反，会议室如果平面稍长一些，则会更加适合长桌会议室的要求。

再如影院、剧院的观众厅，两者的功能要求看似接近，但在设计时却不尽相同，影院受荧幕尺寸影响较大，而剧院受舞台尺寸和形式影响较大，所以它们的视听特点不同，反映在空间形状上也各有区别：影院偏长、剧院偏宽。另外，由于两者都有严格复杂的视线和音响要求，其平面、剖面形式也比一般房间复杂很多，这些都是因为受到功能制约的影响。

虽然以上各种类型的房间都明显地表现出功能对于空间形状的规定性，但有很多房间由于功能特点对空间形状并无严格的要求，说明规定性和灵活性是并行的。但即使是对空间形状并无严格要求的房间，为了在使用过程中能尽量完美也会有其最合适的空间形状，所以功能与空间的"形"之间是存在着某种内在联系的。

3. 功能决定空间的"质"

遮风避雨、抵御寒暑几乎是一切建筑空间所必备的条件，所以空间的"质"，主要是指满足采光、日照、通风等相关要求。某些特定的空间有防尘、防震、恒温、恒湿等特殊要求，主要是通过机械设备和特殊的构造方法来保证，而对于一般建筑而言，空间的质主要涉及开窗和朝向等方面。不同的空间，由于功能要求的不同，需要不同的朝向和不同的开窗处理；而同样尺寸的空间，由于朝向和开窗的处理不同则会带来不同的使用效果。

开窗的目的是为了采光和通风，我们可以从开窗形式、窗户面积两方面考虑。为了获得必要的采光和组织自然通风，可以按照功能特点，分别选择相应的开窗形式。一般房间多开侧窗，采光要求低的可以设计成高侧窗，要求高的可以设计带形窗或者角窗，特大型空间当一侧开窗无法满足要求时可以采用双面采光。有些单层厂房除了开设侧窗外还需开设天窗。还有一些房间如美术馆和博物馆的陈列室（图2-17），由于对光线的质量要求特别高，为了使光线均匀柔和又不至产生反光和眩光的现象，其开窗必须要采用特殊形式的处理。窗户面积的大小主要取决于房间对采光的要求。如阅览室对采光的要求比较高，其窗户的面积应占房间面积的1/4～1/6，而居室的开窗面积需达到房间面积的1/8～1/10。当然开窗面积的大小有时也会影响窗户的形式。

图2-17 陈列室中特殊的开窗形式

开设窗户的另一目的是为了组织自然通风，一般凡是能够满足采光要求的都可以满足通风要求。如果是某些通风要求较高的工业厂房，还需要将通风和采光结合在一起综合考虑。

和开窗相联系的是朝向。选取好的朝向可以利用有利的自然条件，增进人们的健康，其虽然不涉及空间形式本身，但是却直接影响到空间"质"的优劣，从而影响人们对空间使用的舒适度。自然条件首先是日照。冬季应该尽量争取更多的日照，因为阳光会给人们带来温暖；夏季要尽量避免烈日暴晒，它会使人感到炎热难耐，且不利于物品的存放。因此，设计中要充分考虑到日照条件的利弊，而这也正是房间朝向选择的原则。

不同性质的房间对日照条件的利用也是不一样的。有些房间应力争良好的日照，如居室、托幼建筑的活动室、疗养院的病房等，此类房间应争取朝南；而有些房间需尽量避免阳光的直射，如博物馆的陈列室、画室、书库、精密仪表室等，为了使光线柔和均匀，或出于物品免受变质等考虑，此类房间最好朝北。

不同房间由于使用情况不同，对开门的要求也不同。门洞的大小、数量、形式、开设位置等都因功能而异。一般民用建筑门的大小、宽窄、高度等主要取决于人的尺度、家具设备的尺寸以及人流活动的情况。工业建筑的生产车间，仅考虑人流活动和人的尺度是不够的，还需考虑生产工艺的要求和车辆运输的要求。

门的数量主要取决于房间的容量和人流活动特点，容量越大、人流活动越频繁、越集中，门的数量则越多。至于开门位置是集中或分散，应根据房间内部的使用情况以及它与其他房间的关系而定。设计时可以参照国家相关的防火规范，以达到使用方便的同时还能确保使用者人身安全的目的。

2.2.2 功能对多空间组合的影响

多空间组合是建筑设计中必然会遇到的问题，由于房间与房间之间是互相联系的，所以必须处理好房间之间的关系问题。只有按照功能联系把所有的房间有机地组合在一起而形成一幢完整的建筑时，整个建筑的功能才算是合理的。建筑物的功能要求对于多空间的组合也具有某种规定性，即必须根据建筑物的功能联系特点来选择与之相适应的空间组合形式。

房间之间的功能联系将直接影响到整个建筑的布局。同时，还要善于根据功能特点来选择合适的空间组合形式。在建筑设计实践中，空间组合形式是千变万化的，初看起来似乎很难用模式化的方法将其分类，但不论是哪种形式都会反映不同的功能联系特点，因此基于这一点，我们可以概括出以下几种具有典型意义的空间组合形式。

1. 用一条专供交通联系用的狭长的空间——走道来连接各使用空间的组合形式

这种形式称为走道式，也称为并列式。其主要特点是各使用空间之间没有直接的连通关系，而是借助走道来联系。这种组合形式，由于把使用空间和交通联系空间明确地分开，既可以保证各使用空间的安静和不受干扰，又能把各使用空间连成一体，使它们保持必要的功能联系。这种组合形式适合于单身宿舍、办公楼、学校、医院、疗养院等。并列式又分三种形式：单面走道式，即走道一边布置房间，也叫外廊式（图2-18）；双面走道式，即走道两边布置房间，也叫内廊式（图2-19）；沿使用房间两侧设置走道。

2. 各使用空间围绕着楼梯来布置的空间组合形式

这种形式是以垂直交通联系空间连接各使用空间，也称单元式。最典型的做法是各使用房间围绕楼梯布置，由于楼梯比走道集中、周界短，因而它所连接的使用空间必然是既少又小。这个特点使得单元式空间组合形式具有规模小、平面集中紧凑和各使用空间互不干扰等优点。这种形式非常适合于人流活动简单又要保证安静的住宅建筑（图2-20）。

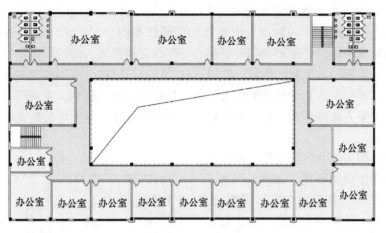

图 2-18　单面走道式

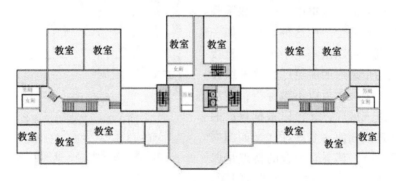

图 2-19　双面走道式

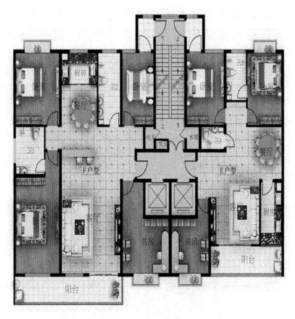

图 2-20　各使用空间围绕楼梯来布置

3. 以广厅直接连接各使用空间的空间组合形式

这种形式一般以广厅（一种供人流集散和交通联系的空间）为中心，通过广厅把各主要使用空间连接成一体。各使用空间呈辐射状与广厅直接连通，而广厅很自然地成为整个建筑物的交通枢纽空间，人流在此集散，并通过这个中心可以被分散到各个主要的使用空间。

一幢建筑可设一个或几个这样的交通中枢，其中可以有主有从，中央广厅是主要的中枢空间，通常与主要人流结合在一起，起着总人流的分配作用；过厅即是次要中枢，起着人流再次分配的作用。

广厅集中分配人流并组织交通，因此减轻了人流对使用空间的干扰。如果只设置一个中央广厅，需保证各使用空间不被穿行。当人们从广厅进入任何一个使用空间，且不影响其他空间，这种布置方式增加了管理上的灵活性。一般人流比较集中、交通联系频繁的公共建筑比较适合采用这种设计。如一般的展览馆建筑，可以由一个中央广厅直接联系着三个或四个袋形的展览厅，这种组合的优点是：每一个展厅可以不被穿行；观众既可以逐一地进入展厅，又可以根据自己的愿望有选择地进入任何一个展厅。又如图书馆建筑（图 2-21），其空间组合的特点是以目录、出纳厅为中心并通过它分别与门厅、

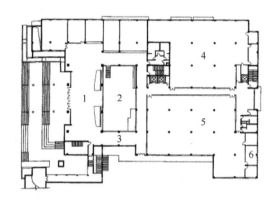

图 2-21　某图书馆建筑平面
1—门厅　2—中庭　3—目录、出纳厅
4—综合图书外借处　5—报刊阅览室　6—办公室

书库以及各主要阅览室保持直接或密切的联系。目录、出纳厅正如上述的广厅一样，不仅是连接各主要使用空间的中心，而且也是人流交通的枢纽。又如火车站（图 2-22），它的广厅一般是与售票厅、行包托运厅以及候车大厅等公共活动空间相连，旅客可以通过广厅直接进入任意一个公共活动空间。

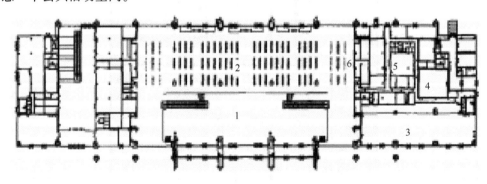

图 2-22　某火车站建筑平面
1—进站广厅　2—基本站台候车厅　3—售票厅　4—贵宾休息室　5—站务用房　6—卫生间

4. 使用空间互相穿套、直接连通的空间组合形式

前面 3 种空间组合形式，都是把使用空间和交通联系空间明确地分开，而这种形式是把

各使用空间直接地衔接在一起而形成整体，不存在专供交通联系用的空间，通常被称为套间式。为了适应不同人流活动的特点，套间式的组合形式又可以分为以下 3 种形式。

（1）串联式组合形式　各使用空间按一定顺序首尾相连，互相串通，连接为整体并构成循环。这种组合形式的特点是各使用空间直接连通、关系紧密，且空间具有明确的程序和连续性，适合于博物馆类的建筑（图 2-23）。

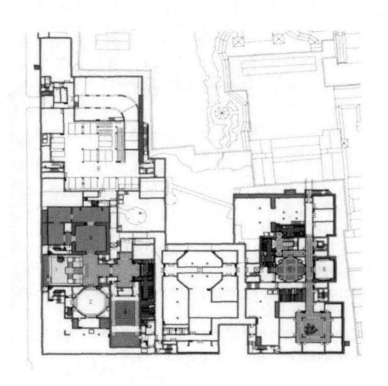

图 2-23　苏州博物馆建筑平面

（2）在大空间内灵活分隔空间　这种空间形式不是通过某种方式或媒介把所有独立的空间连接在一起形成整体，而是把一个大空间分隔成为若干个部分，这些部分虽然有所区分，但又互相穿插贯通，彼此之间没有明确、肯定的界线，从而失去了各自的独立性。这种空间形式打破了传统的"组合"概念，其主要特点是打破了古典建筑空间组合的机械性，从而为创造高度灵活、复杂的空间形式开辟了可能性。

（3）在大空间内沿柱网分隔空间　这种空间形式是把交通联系空间与使用空间合二为一，使得被分隔的空间直接连通、关系紧密，加之柱网的排列整齐化一，这些将有利于交通运输路线的组织，因此比较适合于生产性建筑的工艺流程。另外，某些商业建筑也常运用此类形式。

5. 以大空间为中心、四周环绕小空间的空间组合形式

以体量大的空间为中心，将其他附属空间或辅助空间环绕其四周布置。这种形式的特点是：主体空间地位突出、主从关系非常分明，另外，由于辅助空间都直接地依附于主体空间，因而与主体空间的关系极为紧密。一般电影院建筑、剧院建筑（图 2-24）、体育馆建筑都适合采用这种组成形式，某些菜市场、商场、火车站、航空站也可以采用这种组成形式。

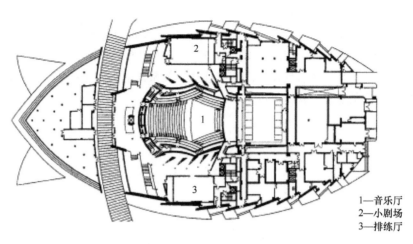

1—音乐厅
2—小剧场
3—排练厅

图 2-24　某大剧院建筑

　　从以上几个方面可以发现，不同性质的建筑，由于功能特点不同、人流活动情况不同，与之相适应的空间组合形式也存在差异，也就是建筑的空间组合形式必须适合于建筑的功能要求。但绝大多数建筑都不是使用单一形式来组织空间，而是必须综合地采用两种、三种甚至更多种类型的空间组合形式，并且以其中一种类型为主。例如旅馆建筑，其承载公共活动的大堂空间，由于功能的需求会采用套间式或广厅式的布局方式，而客房空间既不存在明显的序列关系，也不能相互穿套，必须保证各个客房空间的独立和稳定性，所以比较适合采用走道式的空间组合形式。一幢建筑的主体部分空间组合形式和房间位置的安排，是根据该建筑的主要人流路线所决定的。

　　在建筑设计的实践中，既要尊重功能对于空间形式的规定性，也要充分地利用它的灵活性。把规定性和灵活性辩证地统一起来，才能使我们的创作既适用经济，又具有生动活泼的形式。

　　规定性和灵活性取决于主、客观两方面的因素。客观因素是建筑物功能本身的特点，主观因素主要取决于设计者的想象力和技巧的熟练程度。

2.3　建筑空间的处理

　　在建筑设计中要根据功能需要组织空间，但是，一个好的建筑设计并不等于是建筑功能关系的图解。在同样的功能要求下，由于采用不同的空间处理手法，仍可表现为不同的结果和不同的性格特点。这是因为建筑的功能要求不同于其他科技产品的功能要求，它的服务对象是人。而人的活动是多种多样不断变化的，人的行为与建筑环境之间并不存在唯一对应的答案，同时建筑环境也会反过来影响人的行为。人们对建筑的要求，除了功能性以外，还有心理行为、艺术审美等方面的要求。一个优秀的建筑，它的功能、形式和技术应该是融为一体的。因此，我们要学习建筑空间的处理手法，使建筑不仅有合理的功能性，同时还具有艺术性。

2.3.1　空间各要素的限定

　　空间和实体互为依存，并且空间通过实体的限定而存在。不同的实体形式，会给空间带来不同的艺术特点。为方便理解，以下按实体在空间限定中的不同位置结合实例进行说明。

1. 空间限定的基本要素

前面介绍过，建筑可以比作是一种"容器"，其容积是空间，以容纳人的活动，而其实体是构成"容器"的边界，空间的形成必须通过实体界面的构建来完成，二者是虚实共生、正负反转的关系。因此，空间构成的基本要素包含了点、线、面、体。

点是形式的原生要素，表示空间的一个位置，在概念上没有长度、深度和方向，它表示在空间中的一个位置。点的构图作用表现为积聚性、向心性、控制性、导向性，对空间的限制作用最弱。

线是由一个点展开形成的，其具有长度、方向和位置等特征。线分实存线和虚存线。实存线：有位置、方向和一定的宽度，但以长度为主要特征；虚存线：指由视觉——心理意识到的线。线的构图作用表现为：表明面和体的轮廓，使形象清晰；也可以对面进行分割，改变其比例，构成新的形式；还可以限定、划分有通透感的空间；虚存线对其他构成要素起空间组织的作用，且对空间的限制作用较强（图 2-25）。

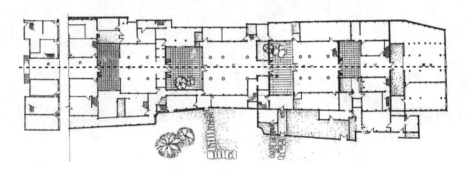

图 2-25　虚存线对空间的限定

面是由一个线展开形成的，其具有长度、宽度、形体、表面、方位、位置等特征。面可分为实存面和虚存面：实存面的主要特征是有一定厚度和形状，分为规则几何形与不规则的任意形；虚存面是指由视觉——心理意识到的面。面的构图作用首先表现为限定体的界限；也可以遮挡、渗透、穿插关系，分割空间；也可以自身的比例划分产生良好的美学效果；还可以自身表面色彩、质感处理，产生视觉上的不同重量。面对空间的限制作用最强，是主要空间限定因素。

体是由一个面展开形成的，其具有长度、宽度、深度、形体和空间、表面、方位、位置等特征，有实体和虚体之分。实体（体量）有长、宽、高 3 个量度，性质上分为线状体、面状体、块状体；形状上分为有规则的几何体与不规则的自由体，各产生不同的视觉感受，如方向感、重量感、虚实感等。虚体（空间）自身不可见，由实体围合而成，具有形状、大小及方向感。因其限定方式不同而产生封闭、半封闭、开敞、通透、流通等不同的空间感受。

空间与实体的反转和共生关系主要表现为以下 3 个方面：

1）建筑体量与空间的共生：形态要素按一定关系构成建筑空间的同时，也构成外部表现的实体，两者是正负互逆的反转共生关系。

2）内部空间与外部空间的共生：形态要素在构成内部空间的同时，不是决定周围的空间形式，就是被周围的空间形式所决定。

3）建筑群体构成中的共生：设计中不仅应考虑建筑单体自身的形态，还应考虑其对周围空间的影响，在城市范围内考虑它是现有建筑的延续部分，作为其他建筑的背景、限定城市中的一个空间，还是城市某空间中的一个独立体等。

以圣马可广场为例，若广场周围建筑为负形，则广场空间即为正形；若广场空间为负形，那么广场内的钟塔即为正形（图2-26）。

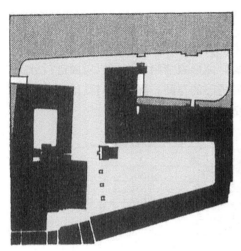

图2-26 圣马可广场

2. 空间限定的手法

（1）垂直要素限定 垂直要素包括墙、柱子、屏风、栏杆等构件。选用不同形式的构件或者采用不同的围合方式，可能产生不同的空间效果。

墙体作为空间的垂直限定要素，对人们的视线遮挡起了至关重要的作用。墙的高度直接影响着两侧空间的交流程度。墙体越高，两侧空间的交流性越弱，随着高度的不断增加，空间的分隔感就越强，当墙体高度到达房间的顶面时，两侧空间即可视为两个独立的房间，此时两空间没有交流；反之，墙体越低，两侧空间的交流性越强，当墙体低到一定高度时两侧空间的分隔感几乎消失。

另外，墙上洞口的设置也影响着墙体对空间围合的封闭程度以及与周围环境的联络程度。实体墙表现出明显的"实"，而相对实体墙而言，洞口则表现出"虚"。洞口的面积以及组织方式是处理墙面实虚关系的关键，设计中要做到虚实相间、主从分明。当然，墙的处理需要综合考虑墙体高度、墙面洞口的组织和墙面的质感及色彩，力求形成整体感和秩序性。

垂直要素中柱子对空间的限定作用也是非常显著的。虽然柱子在建筑中的主要作用是结构受力，安全合理是考虑的首要，但是它的限定在建筑中也是普遍使用的。柱子对空间的限定与墙对空间的限定存在着很大的区别。墙体是靠遮挡视线来围合空间，而柱廊是靠其位置关系使人产生视觉张力，形成一种虚拟的空间界面，空间界限模糊，既分又合，在限定空间的同时又保持了视觉和空间的连续性。如果说墙面是实界面，那么柱廊则是虚界面。柱子也可以单独使用，以列柱为例，当列柱等分空间时，因缺少主从关系而有损统一；当列柱将空间不等分时，由于形成空间体量的差异而形成鲜明的主从关系。另外，柱距越近、柱身越粗，对空间的分隔感就越强，说明主从关系就越明确。

（2）水平要素限定　水平要素主要是指建筑的顶界面和底界面，即顶棚和地面。一般是通过不同的形状、材质和高度对空间进行限定，以取得水平界面的变化和不同的空间效果。建筑的顶棚不仅能遮挡建筑物的内部空间，使人免受雨雪风霜之苦，而且它还影响着建筑整体造型和内部空间的形状。顶棚往往是远离人的触觉范围，其形状会受到材质和建筑结构形式的影响，因而设计中主要是以人的视觉感知为主要依据。如宾馆的大堂设计中，通过顶棚的处理可以使各部分空间周界明确，主从分明，并形成一个中心加强的空间整体。

地面作为底界面，其形状、起伏、材质、图案等对丰富空间变化有着非常重要的意义。如故宫太和殿（图 2-27）以三层凸起的汉白玉台基层层内收，强调了其庄重雄伟与强烈的稳定感，同时也扩大了建筑的空间领域。局部降低或抬高某一部分地面，同样可以改变人们的空间感，以此来强调或突出某一空间，下沉式空间极易形成一个更为安定和亲切的空间（图 2-28）。

图 2-27　故宫太和殿

图 2-28　下沉式空间

（3）各要素的综合限定　空间是一个整体，大多数情况下是通过水平和垂直等要素的综合运用相互分配，以获得特定的空间效果。如美国新奥尔良意大利广场，其柱廊、大门与铺地以同一圆心呈放射形布置，形成垂直与水平的向心形综合限定，强化了广场的纪念性母题。

2.3.2　单一空间形式处理

构成建筑最基本的单位是单一空间，所以在设计时首先应当分析单一空间的形式处理。

1. 空间的体量与尺度

室内空间的体量大小主要是根据房间的功能使用要求而确定的，但是一些特殊类型的建筑，如教堂、纪念堂、某些大型公共建筑，为了烘托宏伟、博大、神秘的气氛，室内空间的体量往往可以大大超出功能使用的要求。

室内空间的尺度感应与房间的功能性质相一致。如住宅中的居室，只要能够保证功能的合理性，就可以获得恰当的尺度感，太大的空间反而难以形成亲切、宁静的气氛（图 2-29）。一般的公共建筑若只按照功能要求来确定空间的大小，都可以获得与功能性质相适应的尺度感，既不感到局促、压抑，又不感到空旷或大而无用。但是对于公共活动而言，太小或过于低矮的空间都会使人感到局促或压抑，这样的尺度感也会有损于它的公共性。出于功能要求，公共活动空间一般都具有较大的面积和高度。一些政治纪念性建筑，例如人民大会堂观众厅（图 2-30），如果单从功能角度考虑，只需要考虑容纳一万多人活动所需要的面积即可；但从艺术角度考虑，要具有庄严、博大、宏伟的气氛，仅仅满足使用需求是不够的，因此二者需要综合考虑，所以空间的设计要同时满足功能与精神需求。

图 2-29　住宅的起居空间　　　　　　　　　　图 2-30　人民大会堂观众厅

　　历史上也有一些建筑，例如教堂，其异乎寻常的高大室内空间主要是由精神方面的要求所决定的。如柯布西耶设计的朗香教堂（图 2-31），对于这类特殊的建筑，在设计时特地将建筑做得超出正常使用功能所需的高度，就是为了追求一种强烈的神秘气氛。柯布西耶曾经说过，教堂是人和神灵对话的地方，而这正是教堂建筑的艺术感染力。

图 2-31　朗香教堂内部

　　一般的建筑，在处理室内空间尺度时，按照功能性质合理地确定空间的高度具有特别重要的意义。室内空间的高度可分为两种：一种是绝对高度，即实际层高，是可以用尺寸来表示的，需要注意的是如果尺寸选择不当，过低了会使人感到压抑、过高了又会使人感到不亲切，因此选择合适的尺寸非常重要；另一种是相对高度，要结合空间的平面面积来考虑，而不能单纯着眼于绝对尺寸。一般情况下当绝对高度保持不变时，面积愈大的空间愈显得低矮。在建筑空间中，顶界面的顶棚和底界面的地面是两个互相平行、对应的面，当高度与面积满足适当的比例，则表现出一种互相吸引的关系，利用这种关系可以形成亲和的感觉，但是如果超出了某种限度，这种吸引的关系就随之消失了。

在复杂的空间组合中，各部分空间的尺度感往往随着高度的改变而变化。如有时因高爽、宏伟而使人产生兴奋、激昂的情绪，有时因低矮而使人感到亲切、宁静，有时甚至会因为过低而使人感到压抑、沉闷，巧妙地利用这些变化使之与各部分空间的功能特点相一致，则可以获得意想不到的效果。如万达商业综合体的中庭处理（图 2-32），当人们处于底层大厅内时会感到高大而宏伟；通过电梯到上一楼层回廊仍可感到空间的高爽、豁朗；当继续进入到二层各卖场空间时使人感到亲切。

图 2-32　万达商场的中庭

2. 空间的形状与比例

不同形状的空间使人产生不同的感受，选择空间形状时，必须把功能要求和精神感受统一起来考虑，使之既适用，又能给人传达一定的艺术意图。

矩形平面的长方体空间是常见的室内空间形式，根据空间长、宽、高的不同比例，形状也可以有多种多样的变化。而长、宽、高三者的比例关系形成了空间的形状，即沿 X、Y、Z 三个方向的长度比。

空间形状不同，不仅会使人产生不同的感受，甚至还会影响人的情绪。一个窄而高的空间，由于竖向的方向性比较强烈，会使人产生向上的感觉，如同竖向的线条一样，可以激发人们产生兴奋、自豪、崇高、激昂的情绪。高直教堂所具有的又窄又高的室内空间，正是利用空间的几何形状特征，给人以满怀热望和超越一切的精神力量，使人摆脱尘世的羁绊，去追求另外一种由神主宰的神秘境界。

一个细而长的空间，由于纵向的方向性比较强，可以使人产生深远的感觉，通过这种空间形式可以诱导人们产生一种期待和寻求的情绪，空间愈细长，期待和寻求的情绪愈强烈，引人入胜正是这种空间形状所独具的特长。一个低而大的空间，可以使人产生广延、开阔和博大的感觉，当然，这种形状的空间如果处理不当，也可能使人感到压抑或沉闷。

除长方形的室内空间外，为了适应某些特殊的功能要求，还有一些其他形状的室内空间，这些空间也会因为其形状不同而给人以不同的感受。进行空间形状设计时，除考虑功能要求外，还要结合一定的艺术意图来选择，这样才能既保证功能的合理性，同时又给人以某种精神感受。巧妙地利用空间形状的特点，可以有意识地使之产生某种心理上的作用，或者给人以某种精神感受，或者还可以把人的注意力吸引到某个确定的方向（图 2-33）。

3. 空间围透关系的处理

在建筑空间中，围与透是相对的，围合感愈强，通透感就愈弱，反之亦然，它们是相辅相成的。只围不透的空间只会使人感到闭塞，但只透而不围的空间尽管开敞，当人处于这样的空间中又犹如置身室外，这也是违反建筑初衷的。因而对于大多数建筑来讲，围与透不能被孤立

37

地设计，而是应该将两者统一起来考虑，使之既有围、又有透；该围的围，该透的透。

房间的围透关系主要是根据房间的功能性质和结构形式而确定的。

中西方建筑在围透的处理方面存在较大的差异性。在西方古典建筑中，由于砖石结构的大量使用，使得开窗面积受到严格的限制，室内空间一般都比较封闭（图2-34）。特别是某些宗教建筑，为了造成封闭、神秘甚至阴森恐怖的气氛，多采用一种皆诸四壁且极其封闭的空间形式。而我国的传统建筑（图2-35），由于采用木构架体系，开窗比较自由，建筑的围透关系处理也极为灵活。纵观中国传统建筑，特别是园林建筑，会发现它们的特点都是对外封闭对内开敞，并随着情况的不同而灵活多样。为了开扩视野，几乎可以取四面透空的形式。开窗面积越大、越扁，就越能获得开敞、明快的感觉。

建筑的朝向影响着围透的处理。凡是对着朝向好的一面，应当争取透，而对朝向不好的一面则应当使之围。我国的传统建筑尽管可以自由灵活地处理围和透的关系，但除少数园林建筑为求得良好的景观而四面透空外，绝大多数建筑均取三面围、一面透的形式，即将朝南的一面大面积开窗，而将其他三面处理成为实墙。

周围环境也影响围透关系的处理。环境好的一面应当争取透，环境不好的一面则应当使之围。例如住宅建筑，把对着风景优美的一面处理得既开敞又通透，从而把大自然的景色引进室内。如密斯设计的范斯沃斯住宅（图2-36、图2-37），坐落在帕拉诺南部的福克斯河右岸，房子四周是一片平坦的牧野，夹杂着丛生茂密的树林。建筑外观也简洁明净，高雅别致，袒露于外部的钢结构均被漆成白色，与周围的树木草坪相映成趣。由于玻璃墙面的全透明观感，建筑视野开阔，空间构成与周围风景环境一气呵成，成

① 中央高四周低、圆形平面的空间，具有向心、聚拢、收敛的感觉

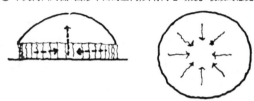

② 中央低四周高、圆形平面的空间，具有离心、扩散的感觉

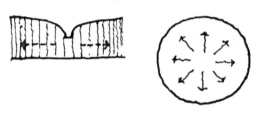

③ 当中高两旁低的空间具有沿纵轴内聚感

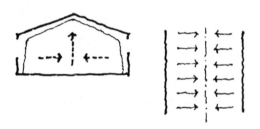

④ 当中低两旁高的空间具有沿纵轴外向感

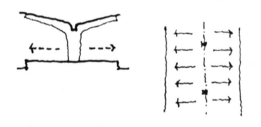

⑤ 弯曲、弧形或环形的空间可以产生一种导向感——诱导人们沿着空间的轴线方向前进

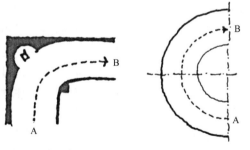

图2-33 空间形状与比例

为名副其实的"看得见风景的房间"。再如机场航站楼的候机大厅，朝南的一面正对着停机坪，处理成为全部透空的大玻璃窗，使候机的旅客视野开阔、一望无际，从而获得开朗、明快的感觉。这种手法正是我国古典园林建筑中常用的借景手法，通过围透关系的处理获得较好的景观效果。

除此之外，凡是实的墙面都因遮挡视线而产生阻塞感；凡是透空的部分都因视线可以穿透而吸引人的注意力。利用这一特点，通过围、透关系的处理，还可以有意识地把人的注意力吸引到某个确定的方向。

图 2-34　西方古典建筑

图 2-35　拙政园留听阁

图 2-36　范斯沃斯住宅与周围环境

图 2-37　范斯沃斯住宅室内

4. 顶棚、地面、墙面的处理

空间是由面围合而成的，一般的建筑空间多呈六面体，这六面体分别由顶棚、地面、墙面组成，处理好三种要素，不仅可以赋予空间特性，而且有助于加强完整统一性。

（1）顶棚　顶棚是顶界面。顶棚的处理比较复杂，这是因为顶棚和结构的关系比较密切，在处理时要考虑到结构形式的影响；顶棚又是各种灯具所依附的地方，在一些设备比较完善的建筑中，还要设置各种空调系统的进排气孔，这些问题在设计中都应给予妥善处理。顶棚的处理虽然不可避免要涉及很多具体的细节问题，但应从建筑空间整体效果的完整统一出发，才能够把顶棚处理好。

顶棚最能反映空间的形状及关系。当建筑空间单纯依靠墙或柱，很难明确地界定出空间的形状、范围以及各部分空间之间的关系时，可以通过顶棚处理使这些关系明确起来。如宾

39

馆大堂（图2-38），巨大的室内空间由于容纳了很多功能分区，使得整个空间显得散漫不集中，但是通过顶棚的处理将各功能分区有效划分，同时又将散乱的空间有机统一起来。通过顶棚造型的处理产生一种集中感。同时通过压低次要部分空间的方法突出主要部分空间，既可达到主从分明、又可加强空间的完整统一性，主要部分空间明确、次要部分空间亲切宜人。

设计精彩的顶棚特别能吸引人的注意力，透视感也非常强烈。利用这一特点，通过不同的处理有时可以加强空间的博大感；有时可以加强空间的深远感；有时则可以把人的注意力引导至确定的方向。

图2-38　宾馆大堂的顶棚设计

顶棚的处理应结合结构的特点巧妙设计。例如在一些传统的建筑形式中，顶棚处理大多是在梁板结构的基础上进行加工，并充分利用结构构件起装饰作用。近现代建筑中有一些新型结构，本身就很轻巧美观，有的其构件所组成图案具有强烈的韵律感，这样的结构形式即使不加任何处理，都可以成为很美的顶棚。

（2）地面　由于地面需要承托家具、设备和人的活动，因此它在空间中显露的程度是有限的，同时因为人的视高有限，所以在观察和感受地面时只能看到其局部，因而给人的影响要比顶棚小一些。西方古典建筑重装饰，地面常用彩色石料拼成各种图案以显示其富丽堂皇；近代建筑则比较崇尚简洁，地面常用单一材料做成，即使有时会设计一些图案，其组合大多也比较简单。一家人席地而坐会使人感到松散，倘若在身下铺一张地毯就把他们从周围环境中明确地划分出来而赋予某种空间感。所以近代建筑往往是通过对地面的处理来形成、加强和改变人们的空间感。

地面处理常用的材质有不同色彩的大理石、水磨石、马赛克等，并以此拼嵌成图案起装饰作用。地面图案设计有三种类型，分别是：强调图案本身的独立完整性、强调图案的连续性和韵律感、强调图案的抽象性。第一种类型的图案不仅具有明确的几何形状和边界，还具有独立完整的构图形式。古典建筑的构图多以一间房间作为基本单位而强调其完整统一性，这种"地毯"式的地面图案多呈严谨的几何图形。近现代建筑多采用第二种类型的图案，因为其平面布局较自由、灵活，图案的连续性和韵律感表现出简洁、活泼，可以无限延伸扩展，又没有固定的边框和轮廓，可适用于多种类型的空间，并且可以与各种形状的平面相协调，既便于施工制作，又可借透视获得良好的视觉效果。

为了适应不同的功能要求，还可以将地面处理成不同标高，巧妙利用地面高差的变化有时也能取得良好的效果。如局部降低或抬高某一部分地面可以改变人们的空间感。一般局部抬高的空间表现为更加开放、外向的特征，而局部降低的空间则表现为安静、稳定，并具有一定私密性的特征。近代建筑常利用这种手法强调或突出某一部分空间，以分别适应不同功能需要或丰富空间的变化。

（3）墙面　墙面作为空间限定的垂直要素，是以垂直面的形式出现的，对人的视觉影响至关重要。墙面上的门窗、通风孔洞、线脚、细部装饰、灯具等，都需要将它们作为整体的一部分互相有机地联系在一起,才能获得完整统一的效果。

墙面处理的重点是虚实关系的对比与变化,这是决定墙面处理成败的关键,具体表现为墙面洞口(主要包括门窗和各种形式的纯洞口)的组织。虚实的对比与变化从形式美的角度考虑,应尽量避免虚实各半平均分布的处理方法。因此,可以首先确定墙面的表现形式是"虚"或是"实",当以虚为主时,应做到虚中有实;当以实为主时,应做到实中有虚。以某办公楼的墙面处理为例(图 2-39),通过玻璃幕墙与实墙、实墙与窗户洞口等形成虚实对比,同时又显示了宜人亲和的尺度感。

门窗组织是洞口设计的重点,但初学者很容易把门窗以及各种孔洞当作一种孤立的要素来对待,应尽量避免毫无美学意图的单调方式,所以在设计中应将其组织成一个整体,如把它们纳入到竖向分割或横向分割的体系中去,既可以削弱其独立性,也有助于建立起一种秩序。通常情况下,低矮的墙面多适合采用竖向分割的方法;高耸的墙面多适合采用横向分割的方法。横向分割墙面具有安定感;竖向分割墙面可以使人产生兴奋的情绪。

除虚实对比外,墙面设计还可通过表现一定的韵律感而形成有机统一的效果。具体方法是借窗与墙的重复、交替出现产生韵律美,将大、小窗洞相间排列,或几个洞口成组排列,韵律感就更为强烈(图 2-40)。

图 2-39　某办公建筑方案

图 2-40　泰州职业技术学院公共教学楼方案

需要注意的是,通过墙面处理应当正确显示出空间的尺度感,即使门窗以及其他依附于墙面上的各种要素都具有合适的大小和尺寸,过大或过小的内檐装修,都会造成错觉,并歪曲空间的尺度感。

2.3.3　多空间组合处理

单一空间的建筑比较少见,人们对建筑的使用和感受也不是仅限于静止地处于某一空间内,而是贯穿于在整个建筑中的连续行进的全过程中,因此我们还要研究多空间的组合设计问题。

1. 空间的对比与变化

空间的对比需要在某一方面呈现出明显的差异,通过这种差异性的对比作用可以反衬出对比双方各自的特点,使人们从空间中产生情绪上的突变和快感。

(1)高大与低矮的对比　两个相邻空间若体量相差悬殊,当由小空间进入大空间时,体量的对比会使人的精神振奋(图 2-41)。我国古典园林建筑中常采用欲扬先抑的手法,就是借助大小空间的强烈对比作用获得小中见大的效果。古今中外各种类型的建筑,均可以通过大小空间的对比作用突出主体空间。最常见的方法是在主体大空间的前面有意识地安排一个极小或极低的空间，当人们从极度压缩的空间突然转换至高大的主体空间时视野骤然开阔，从而产生一种兴奋和激动的情绪。

（2）开敞与封闭的对比　封闭空间是指不开窗或少开窗的空间，开敞空间是指多开窗或开大窗的空间。封闭空间一般比较暗淡，与外界缺少联系；开敞空间明朗，与外界关系密切。当人们从封闭空间走进开敞空间时，必然会因为强烈的反差与对比作用而顿时感到豁然开朗（图2-42、图2-43）。

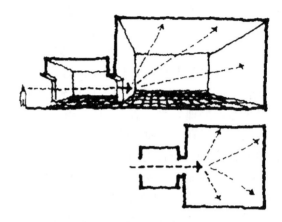

图2-41　高大与低矮的对比

（3）不同形状的对比　形状不同的空间之间形成的对比作用对人们心理的影响相对前两种变化会小一些，但却可以取得变化和缓解单调的效果。空间的形状与功能有密切的联系，因此在设计过程中可以利用功能的特点，在条件允许的情况下适当地变换空间形状，借助相互之间的对比作用求得变化（图2-44）。

（4）不同方向的对比　建筑空间受到功能和结构因素的制约，多

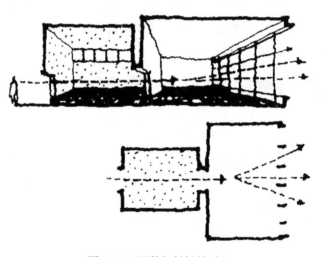

图2-42　开敞与封闭的对比

呈矩形平面的长方体，若把长方体空间纵横交替地组合在一起，其方向的改变则可以产生对比作用，利用这种对比作用有助于消除单调求得变化（图2-45）。

2. 空间的重复与再现

在音乐中，通常会借助某个旋律的一再重复而形成主题，不仅不会让人感到单调，反而有助于整个乐曲的统一和谐。这种方法对于建筑空间的处理也同样适用。一般情况下对比可以打破单调求得变化，而作为它对立面的重复与再现则可借助协调而获得统一。简单机械的重复可能使人感到单调，但并不意味着重复必然导致单调。建筑空间组合中只有把对比与重复两种手法结合在一起使之相辅相成，才能获得好的效果。西方古典建筑对称形式的建筑平面较常见，沿中轴线纵向排列空间，通过变换形状或体量，同时借助对比的手法以获得变化；沿中轴线两侧横向排列的空间相对应地重复出现，就建筑平面而言是既有对比和变化，又有重复和再现，从而把两种互相对立的因素统一在一个整体之内。

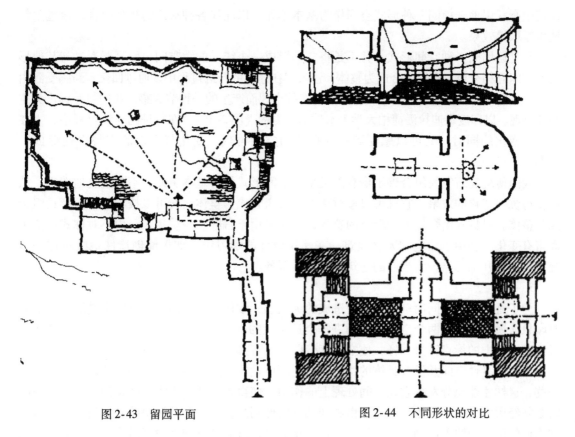

图 2-43　留园平面　　　　　　　　　图 2-44　不同形状的对比

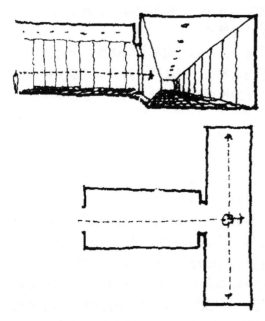

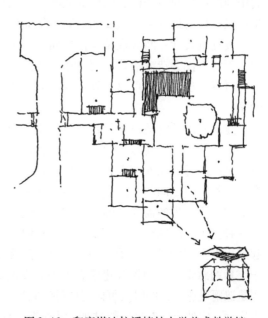

图 2-45　不同方向的对比　　　　　　图 2-46　印度堪迪拉潘捷柏大学美术教学馆

同一种形式的空间连续多次或有规律地重复出现，可以形成一种韵律节奏感。现代公共建筑中有意识地选择同一种形式空间作为基本单元，以此作各种形式的排列组合，通过大量地重复取得效果。

重复运用同一种空间形式，并不是将它们形成一个统一的大空间，而是要通过与其他形式的空间互相交替、穿插组合成为整体，让人们在连续的行进过程中，通过回忆不断感受到由某一形式空间的重复出现，或重复与变化的交替出现而产生的一种节奏感，我们将其称之为空间的再现。以印度堪迪拉潘捷柏大学美术教学馆为例（图2-46），在行进的连续过程中，人在感受到变化的同时，又可以感受到一种形状的空间再现，变化与重现的交替出现形成了节奏。

我国传统建筑空间组合善于借有限类型的空间形式作为基本单元，不断重复地使用，从而获得统一变化的效果。它既可以按对称的形式组合成为整体，又可以按不对称的形式组合成为整体。对称式组合给人较严整的感觉，一般多用于宫殿、寺院建筑；而不对称式较活泼而富有变化，多用于住宅和园林建筑。在建筑设计的学习中，如果能创造性地继承这一传统，一定能开阔思路，为当前的建筑创作实践服务。

3. 空间的衔接与过渡

为了避免两个空间简单直接连通造成的突然感，致使人们从前一个空间走进后一个空间时印象淡薄，通常在两个空间之间插进一个过渡性的空间（如过厅），就像音乐中的休止符或语言文字中的标点符号一样，使之段落分明并具有抑扬顿挫的节奏感。

由于过渡性空间并没有具体的功能要求，所以设置时应当尽可能地小一些、低一些、暗一些，这样才能充分发挥它在空间处理上的作用，使得人们从一个大空间走到另一个大空间时必须经历由大到小再由小到大，由高到低再由低到高，由亮到暗再由暗到亮的过程，从而在人们的记忆中留下深刻印象。另外需要注意的是，过渡性空间在设置时应避免生硬，应当利用辅助性房间或楼梯、厕所等间隙把它们巧妙地穿插进去，这样不仅可以节省面积，而且又可以通过它进入某些次要的房间，从而保证大厅的完整性。

设置过渡性空间应视具体情况而定，不是所有两个大空间之间都必须插进一个过渡性空间，否则不仅会造成浪费，而且还可能使人感到繁琐和累赘。过渡性空间的形式是多种多样的，可以是过厅，也可以不处理成厅的形式，而只是借压低某一部分空间的方法起空间过渡的作用。

建筑的内部空间总是和自然界的外部空间保持着互相连通的关系，当人们从室外空间进入到建筑的内部空间时，为了不致产生过分突然的感觉，也有必要在内外空间之间设置一个过渡性的门廊，从而把人很自然地由室外引入室内。因此可以看出，空间的衔接与过渡也存在于内外空间之间的处理中。大型公共建筑多在入口处设置门廊，很多时候人们总是着眼于功能和立面处理的需要，即认为它可以起到防雨、突出入口、强化重点的作用，其实门廊作为一种完全开敞的空间，本质上介于室内外空间之间，并兼有室内空间和室外空间的特点，起到内外空间的过渡作用。如果不通过门廊由外部空间直接地走进室内大厅，会给人一种过于突然的感觉。我国传统建筑有很多会设围廊，但一般都在入口的一面设置前廊，其功能作用是遮雨或遮阳，同时又可以起内外空间过渡的作用。如某美术馆由室外经过门廊、前厅再进入广厅，内外空间有良好的过渡，从而把观众很自然地由室外空间引入室内空间（图2-47）。

在室内外过渡空间的处理中，雨篷也是常见的形式，因为雨篷覆盖之下的空间同样具有介于室内和室外空间的特点，如万科第五园别墅入口，在设计时需要妥善处理雨篷高度与出

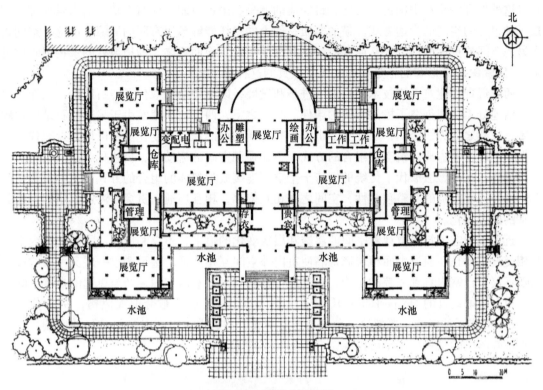

图 2-47　某美术馆平面

45

挑深度之间的比例关系。雨篷太高而出挑深度不够，处于雨篷下的人难以形成有效的空间感，就起不到内外空间的过渡作用了（图 2-48）。

　　另外，底层透空的处理方式，也可以起到内外空间过渡的效果，犹如把敞开的底层空间当作门廊来使用，把门廊置于建筑的底层，人们经过底层空间再进入上部室内空间，也会起到过渡的作用。如某社区住宅，将底层架空设计，不仅将自然延伸到建筑内部，给住户不同的景观感受，同时还为居民提供了公共交流空间（图 2-49）。

图 2-48　万科第五园别墅入口

图 2-49　住宅底层架空

4. 空间的渗透与层次

　　所谓空间的渗透，是指两个相邻的空间在分隔的时候，不是采用实体墙面直接把两者完全隔绝，而是有意识地使之互相连通，使两个空间互相交流、相互因借，从而增强空间的层次。

这种处理手法在中国古已有之，最经典的就是我国古典园林建筑中常见的借景处理，就是一种很好的空间的渗透方式。借的实质是使人的视线能够越出有限的屏障，由这一空间进入另一空间或更远的地方，从而获得层次丰富的景观。简而言之，即把彼处的景物引到此处来。"庭院深深"形容的正是中国庭园所独具的这种景观。

西方近现代建筑由于技术、材料的进步和发展，以框架结构取代了砖石结构，从而为自由灵活地分隔空间创造了极为有利的条件。相比之下，西方古典建筑由于采用砖石结构比较封闭，彼此之间界线分明，从视觉上也很少有连通的可能和层次变化。所以说，近现代建筑从根本上改变了古典建筑空间组合的方式，更加强调空间的流动性，更注重对空间进行自由灵活分隔，这种做法取代了传统的把若干个空间连接成为整体的组合的方式，使各部分空间自然地失去了自身的完整独立性，空间之间相互依存，相互连通、贯穿、渗透，呈现出极其丰富的层次变化。

近现代住宅建筑更重视对空间的渗透和层次变化的追求，不仅利用灵活隔断使室内空间互相交流，而且还通过大面积玻璃幕墙使室内外空间互相渗透，甚至透过一层又一层的玻璃隔断不仅可自室内看到庭院的景物，而且还可以看到另一室内空间、乃至更远的自然空间景色。由布劳耶设计的 HooperHouse II 住宅（图 2-50），秉承了布劳耶式风格，两个分开的"羽翼"构成了住宅的主要部分，分别为起居室和卧室，玻璃走廊连接了 U 形的两端，还可以观赏院落里的景色，甚至可以眺望 Roland 湖的景色。

图 2-50　HooperHouse II 住宅

公共建筑在空间的组织和处理方面也越来越灵活、多样而富有变化，不仅考虑到同一层内若干空间的互相渗透，还通过楼梯、夹层的设置和处理使上下层，乃至许多层空间互相穿插渗透。美国华盛顿国家美术馆东馆中央大厅（图 2-51），空间处理的独到之处，在于巧妙地设置并利用夹层、廊桥、楼梯，而且数层空间互相穿插渗透，从而极大地丰富了空间层次的变化。当人们自下往上看时，视线穿过一系列的楼层、廊桥、楼梯、挑台，而直冲顶部四面锥体的空间网架天窗。阳光从这里倾泻而下，使整个大厅显现出活泼轻快而又热情奔放的意境，宛如一个室内庭院，所以此空间被誉为波特曼式空间的登峰之作。

图 2-51　美国华盛顿国家美术馆东馆室内

5. 空间的引导与暗示

　　由于功能、地形或其他条件的限制，会使某些比较重要的公共活动空间所处的地位不够明显、突出，以致不易被人们发现；在设计过程中，也可以有意识地把某些趣味中心置于比较隐蔽的地方，而避免开门见山、一览无余。不论是哪一种，都需要采取措施对人流加以引导或暗示，从而使人们可以循着一定的途径达到预定的目标，但是这种引导和暗示不同于路标，是属于空间处理的范畴，处理得要自然、巧妙、含蓄，能够使人于不经意之中沿着一定的方向或路线从一个空间依次地走向另一个空间。空间的引导与暗示，作为一种处理手法是根据具体条件的不同而千变万化的。

　　（1）以弯曲的墙面把人流引向某个确定的方向，并暗示另一空间的存在　即以人的心理特点和人流自然的趋向为依据。面对一条弯曲的墙面，将不期而然地产生一种期待感，希望沿着弯曲的方向有所发现，并不自觉地顺着弯曲的方向进行探索，于是便被引导至某个确定的目标。塘沽火车站（图 2-52）结合功能和地形特点，把售票厅设置于候车厅的右侧，为引导办完买票手续的旅客通过进站口检票进站，特意设置一道曲墙从售票厅一直延伸到候车厅内进站口附近，持票旅客将循此而自然地走向进站口。

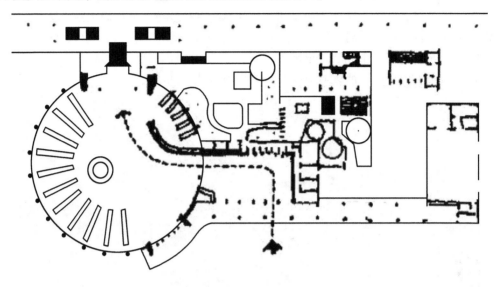

图 2-52　塘沽火车站平面图

（2）利用特殊形式的楼梯或特意设置的踏步，暗示上一层空间的存在　楼梯、踏步都会使人产生往上走的心理暗示。特殊形式的楼梯，如宽大开敞的直跑楼梯、自动扶梯等，其心理暗示更为强烈，凡是希望把人流由低处空间引导至高处空间都可以借助楼梯或踏步的设置而达到目的。如阿尔瓦·阿尔托设计的维堡图书馆，进入门厅后通过踏步、曲墙把读者引导至通往目录、出纳等处的主要楼梯，并循此到达目录、出纳厅（图 2-53、图 2-54）。

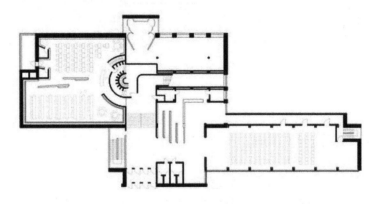

图 2-53　维堡图书馆平面

（3）利用顶棚、地面及空间中其他界面细部的处理，暗示出前进方向　通过顶棚、地面及空间中其他界面细部的处理，可以形成一种具有强烈方向性或连续性的图案，会暗示并引导人们行进的路线，有意识地利用这种处理手法，将有助于把人流引导至某个确定的目标。如某高档住宅中利用顶棚的墨镜处理和地面斑马图案铺设，很自然地将人流引向下一个空间（图 2-55）。

图 2-54　维堡图书馆室内楼梯

（4）利用空间的灵活分隔，暗示出另外一些空间的存在　有些空间为了不至给人开门见山的效果，特意将部分空间隐藏，为了合理地引导人流，故意将人置于某种特殊空间，并使其产生好奇或抱有某种期望，人们在这种心理的驱使下将可能做出进一步地探求。利用这种心理状态，有意识地使处于这一空间的人预感到另一空间的存在，则可以把人由此空间引导至彼空间。这种处理手法多运用在功能复杂的建筑中，如山东省美术馆（图 2-56）在两个展厅之间设置横跨上空的天桥，降低局部层高并暗示下一个空间的存在。

图 2-55　利用顶棚、地面的设计引导方向

图 2-56　山东省美术馆

6. 空间的序列与节奏

以上所介绍的空间处理方式都是使空间达到多样统一所不可缺少的因素，但如果孤立地运用其中某几种手法，还是不能使整体空间组合获得完整统一的效果。下面介绍的空间的序列组织与节奏，有助于我们摆脱局部性处理的局限，而使建筑空间的全局处理达到统一。

与绘画、雕刻不同，建筑作为三度空间的实体，人们不能一眼就看到它的全部，而只有在运动中——也就是在连续行进的过程中，从一个空间走到另一个空间，才能逐一地看到它的各个部分，从而形成整体印象。人们在观赏建筑的时候，不仅涉及空间变化的因素，同时

49

还要涉及时间变化的因素。组织空间序列的任务就是要把空间的排列和时间的先后这两种因素有机地统一起来。只有这样，才能使人不单在静止的情况下能够获得良好的观赏效果，而且在运动的情况下也能获得良好的观赏效果，特别是当沿着一定的路线看完全过程后，能够使人感到既谐调一致、又充满变化、且具有时起时伏的节奏感，从而留下完整、深刻的印象。

组织空间序列，首先应使沿主要人流路线逐一展开的一连串空间，能够像一曲悦耳动听的交响乐那样，既婉转悠扬，又具有鲜明的节奏感；其次，还要兼顾其他人流路线的空间序列安排。沿主要人流路线逐一展开的空间序列必须有起、有伏，有抑、有扬，有一般、有重点、有高潮。一个有组织的空间序列，如果没有高潮必然显得松散而无中心，这样的序列将不足以引起人们情绪上的共鸣，因此我们需要强化高潮空间的设计。高潮一般是在突出位置上的体量高大的主体空间，我们可以通过空间对比的手法，以较小或较低的次要空间来烘托、陪衬，使它能够得到足够的突出，才能成为控制全局的高潮。

在一条完整的空间序列中，既要放、也要收。只收不放势必会使人感到压抑、沉闷，但只放而不收也可能使人感到松散或空旷。沿主要人流必经的空间序列，应当是一个完整的连续过程。进入建筑物是序列的开始段，此时必须妥善地处理内、外空间过渡的关系，把人流自然地由室外引导至室内，又能给人以舒适新奇的感觉。出口是序列的终结段，也不应当草率地对待，否则就会使人感到虎头蛇尾。空间的首尾处理好了，内部空间之间也应当有良好的衔接关系，在人流转折的地方应当运用空间引导与暗示的手法明确地向人们指示出继续前进的方向。跨越楼层的空间序列，为了保持其连续性，还必须选择适宜的楼梯形式。宽大、开敞的直跑楼梯不仅可以发挥空间引导作用，而且通过宽大的楼梯井，还可以使上、下层空间互相连通，这些都有助于保持序列的连续性。

在一条连续变化的空间序列中，某一种形式空间的重复出现，不仅可以形成一定的韵律感，而且对于陪衬主要空间和突出重点、高潮也是十分有利的。人们常把它称为高潮前的准备段。处于这一段空间中，要使人们不仅怀着期望的心情，而且也预感到高潮即将到来。

从以上的分析可以看出：空间序列组织实际上就是综合地运用对比、重复、过渡、衔接、引导等一系列空间处理手法，把个别的、独立的空间组织成为一个有秩序、有变化、统一完整的空间集群。这种空间集群可以分为两种类型：一类呈对称、规整的形式；另一类呈不对称、不规则的形式。前一种形式给人以庄严、肃穆和率直的感受；后一种形式比较轻松、活泼和富有情趣。不同类型的建筑，应按其功能性质特点和性格特征分别选择不同类型的空间序列形式。

第 3 章

建筑方案设计

3.1 建筑方案设计的基本方法

3.1.1 建筑设计的内容

建筑设计按设计过程依次分为方案设计、初步设计、施工图设计三部分，涵盖了从业主（建设方）策划研究、提出设计任务书到设计深化完成交付施工的全过程。

方案设计	领会业主意图，结合设计任务书对建筑进行具有创造性的形象化的设计过程。构思和立意是这一阶段的灵魂
初步设计	在方案设计的基础上，结合技术和材料，对设计方案进行深化和完善
施工图设计	进一步深化、细化，提出能够指导施工的设计图样

由于方案设计突出的作用以及高等院校教学的优势特点，专业教学中所进行的建筑设计训练更多地集中于方案设计，其他部分的训练则主要通过以后的建筑师业务实践来完成。

3.1.2 正确认识建筑设计

（1）树立正确的建筑观 建筑不但要满足人的物质功能要求，而且还要满足人的精神功能要求。

建筑与社会：建筑受社会历史条件制约，随社会发展而发展，建筑师要有社会责任感。

建筑与人："以人为本"，满足人的物质、心理和精神需要。

建筑与传统文化：建筑是文化的载体，应继承传统文化。

（2）创新意识 建筑设计是一项创造性的工作，强调创新。创新是在学习借鉴前人优秀成果的基础上的继承，不是简单的抄袭拼凑。建筑创作的创新体现在：建筑形象创新，建筑外环境、平面组织及新技术、新材料的运用。要有开放的思维方式，不能墨守成规。

（3）遵循准则，讲究科学 全面分析调研基础资料，遵守法规、规范、标准。

3.1.3 方案设计的方法

在现实的建筑创作中，设计方法是多种多样的。针对不同的设计对象与外部环境，不同的建筑师会采取完全不同的方法与对策，并带来不同的甚至是完全对立的设计结果。因此在确立自己的设计方法之前，有必要对现存的各种良莠不齐的设计方法及其建筑观念有一个比较理性的认识，以利于自己设计方法的探索和确立。

一般而言，建筑方案设计的过程从拿到任务书，到做出最后效果图，大致可以划分为任务分析、资料获取、方案构思和方案深化四个阶段，其顺序过程不是单向的一次性的，需要多次循环往复才能完成（图3-1）。

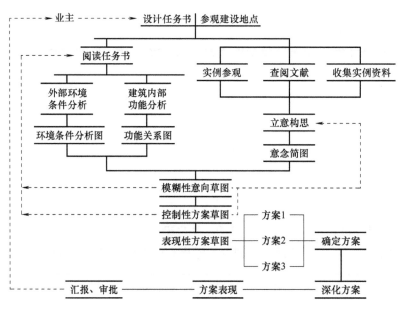

图3-1 方案设计流程

3.2 任务分析

设计凭据是方案设计的前提，设计任务书是最直接的设计依据。任务书一般由委托方以书面形式提出，包括项目名称、建设地点、用地概况、建筑功能要求等。方案构思之前，对设计要求的分析至关重要，主要包括以下三个方面。

3.2.1 设计要求分析

作为建筑方案设计的条件，有些是明显的、有些则是潜在的；有时是明确的、有时又是笼统的。归纳起来大致有如下几方面：

1. 设计任务书

设计任务书一般是由建设单位或业主依据使用计划与意图而提出（大型建筑项目须经"可行性研究"后提出），经过审定和批准而作为设计主要依据的文件。设计任务书包括：项目类型与名称；用地概况及城市规划要求等；投资规模、建设标准及设计进度等；业主的主观意图描述。

2. 公共限制条件

为了保证公共利益以及建筑场地与其周围土地所有者的各自利益，场地的开发和建筑设计必须遵守一定的公共限制。

① 国家、地方政府的有关法律、法规、规范、标准等。

② 任务书中的城市规划部门的要求。

③ 消防、人防、交通、环保、市政等主管部门的要求。

3. 图式条件

通过作图把条件转化为总平面图中的图式条件。

（1）平面限度　即场地平面中最大可建建筑区域的确定。建筑用地一般都比较大，但是允许建筑物坐落的范围却很小。因此，整理图式条件的最基本的目的是确定场地内可以盖房子的范围。这一范围构成了单体建筑的平面限度，它要求单体建筑的最大长度和最大进深都不得超出这个限定尺寸。平面限度包括下列边界限制。

1）建设用地边界线：即业主（开放商、建设单位或土地使用者）所取得使用权的土地边界线。

2）道路红线：它是城市道路（含居住区级道路）用地的规划控制线，由城市的市政、交通部门来统一建设管理，建筑物的地下部分或地下室、建筑基础及其地下管线一般不允许进入道路红线之内。

3）建筑控制线：又称建筑线或建筑红线，是建筑物基底位置的控制线。建筑控制线所划定的范围就是可建建筑区域的范围，它的划定主要考虑如下因素。

① 道路红线后退。场地与道路红线重合时，一般以道路红线为建筑控制线。有时因城市规划需要，主管部门常常在道路红线以外另定建筑控制线，这种情况称为红线后退（或后退红线）。

各地规定不同，一般多层退让至少 5m，高层退让至少 10m。沿城市快速路的各类建筑，后退距离至少 20m；沿城市主、次干路的各类建筑，后退距离至少 15m；沿城市支路的各类建筑，后退距离至少 10m；沿建制镇主要道路的各类建筑，后退距离至少 8m；沿建制镇一般道路的各类建筑，后退距离至少 5m；在道路交叉口的建筑，其后退距离还应当满足道路交通安全视距要求。

② 用地边界后退。在确定建筑物基底位置时还要考虑到建筑与相邻场地或相邻建筑之间的关系。为了满足防火间距、消防通道和日照间距而划定的建筑控制线，称为后退边界。

防火间距是指相邻两栋建筑物之间，保持适应火灾扑救、人员安全疏散和降低火灾时热辐射的必要间距。也就是指一幢建筑物起火，其相邻建筑物在热辐射的作用下，在一定时间内没有任何保护措施的情况下，也不会起火的最小安全距离。建筑防火间距一般为消防车能顺利通行的距离，一般为 7m。高层主体对高层主体为 13m，高层主体对多层（高层群房）为 9m，高层群房对高层群房为 6m，多层对多层为 6m。

日照间距是指前后两排南向房屋之间，为保证后排房屋在冬至日（或大寒日）底层获得不低于 2 小时的满窗日照（日照）而保持的最小间隔距离。

（2）剖面限度　场内建筑物的高度和容积率影响着场地的空间形态，反映着土地的利用情况，同时，又与建筑的社会效益和环境效益密切相关，因此是场地设计中的重要因素。

1）当建筑处于保护区或建筑控制地带（按照国家或地方制定的有关条例和保护规则，在国家或地方公布的各级历史文化名城、历史文化保护区、文物保护单位和风景名胜区及其周围一定范围内划定的需要对有关工程建设行为加以限制的区域或地带）时，对建筑的高度有相应限制。

2）当建筑处于居住区内，或比邻于居住区的住宅楼时，建筑的高度要受到规划的影响。

3）当建筑处于市中心或区中心的临街位置，或处于步行街两侧的位置时，建筑的高度同样要考虑街道宽度对它的影响。为了确保道路日照而对建筑高度的限制称为"斜线控制"

53

（图 3-2）。

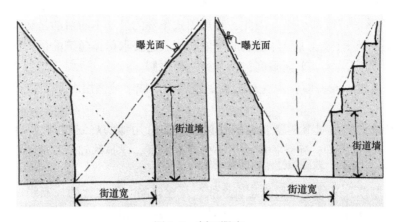

图 3-2　剖面限度

3.2.2　环境条件分析

外部环境分析是掌握基地特征的重要过程，更是未来的方案存在合理性的保证，常见的类型包括区位分析、交通分析、景观分析、日照分析、噪声分析、污染分析、文脉分析等。并不是每个项目都需要做出包罗万象的分析，但尽可能详尽地分析每一个客观存在的外部条件的利弊，将给接下来的工作带来极大的好处。

针对同一基地，对不同的人和不同的思路而言，即使客观条件相同，分析结果也往往迥然相异。虽然再新颖的方案也要始于扎实的基地分析，但是这个阶段的工作仍然是根据不同的解决方案，相对客观地反映基地所在环境的影响以及建成后对周围环境的影响。

1. 区位分析

区位分析主要是提醒设计师要从城市的尺度思考建筑创作的问题。一个建设项目的完成，有可能影响建筑所在地段、影响所在街区、影响所在城市基至更大范围，要根据建设项目的影响范围进行区位分析（图 3-3）。

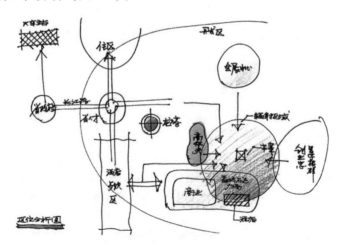

图 3-3　区位分析图

2. 交通分析

交通分析通常包括现状交通分析、车流分析、人流分析等，主要以现状交通分析为主，预测建成后进入基地的车流量大小、人流方向与强度等（图3-4）。这一分析结果将对项目的基地规划和布局以及整个设计过程产生决定性作用。

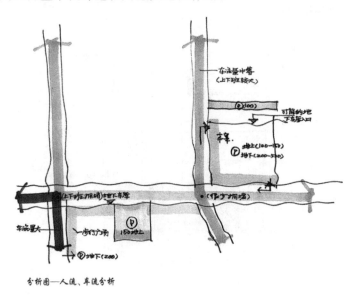

图 3-4　交通分析图

3. 景观分析

对基地周边的景观现状做出分析，还有就是对项目建成后对该区域景观做出的贡献或者破坏给予分析。景观分析对控制建筑的布局、体量、高度、朝向等非常有帮助（图3-5）。

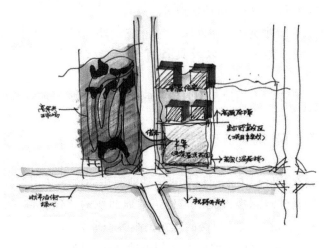

图 3-5　景观分析图

4. 日照分析

日照分析主要分析基地周边建筑对基地内的日照影响，以及项目建成后的自身日照影响（图3-6）。我国相关法规规定，建筑布局和规划必须考虑日照采光。建筑日照分析与气候区域、有效时间、建筑形态、日照法规等多种复杂因素有关，手工几乎无法计算，因此实践中常常采用简单的估算法，造成了要么建筑物间距过大浪费土地资源，要么间距过小违反日照法规导致赔偿等各种情况。

在仔细阅读国家以及项目所在地的地方有关规范的基础上，可借助日照分析系统软件，获得较为精确的日照分析图。

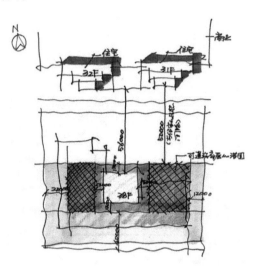

图 3-6 日照分析图

3.2.3 经济技术因素分析

经济技术因素包括经济技术指标和结构选型等。常用建筑经济技术指标包括：

1）建设用地面积：是指项目用地红线范围内的土地面积，一般包括建筑区内的道路面积、绿地面积、建筑物所占面积、运动场地等。

2）建筑占地面积：指建筑物各屋外墙（或外柱）外围以内水平投影面积之和，包括阳台、挑廊、地下室、室外楼梯等，以及具备有上盖、结构牢固、层高 2.20m 以上（含 2.20m）的永久性建筑。

3）总建筑面积：指在建设用地范围内单栋或多栋建筑物地面以上及地面以下各层建筑面积的总和。

4）基地面积：指根据用地性质和使用权属确定的建筑工程项目的使用场地，该场地的面积称为基地面积。

5）建筑密度：建筑物底层占地面积与建筑基地面积的比率（用百分比表示）。

6）建筑容积率：指建筑总楼板面积与建筑基地面积的比值。例如，在 1 万 m^2 的建筑基地上，建有单楼层 5 千 m^2、共三层楼的建筑，则容积率为 1.5。

建筑容积率 = 总建筑面积/总用地面积（与占地面积不同）

7）绿化率：指项目规划建设用地范围内的绿化面积与规划建设用地面积之比。

8）停车量要求：用地内停车位总量（包括地上、地下），它是该项目的最小停车量指标。

城市规划设计条件是建筑设计所必须严格遵守的重要前提条件之一。

3.3 现状的勘察分析、资料收集

学习并借鉴前人正反两个方面的实践经验，了解并掌握相关规范制度，既是避免走弯路、走回头路的有效方法，也是认识和熟悉各类型建筑的最佳捷径。因此，为了学好建筑设计必须学会搜集并使用相关资料。结合设计对象的具体特点，资料的搜集调研可以在第一阶段一次性完成，也可以穿插于设计之中，有针对性地分阶段进行。

3.3.1 实例调研

调研实例的选择应本着性质相同、内容相近、规模相当、方便实施，并体现多样性的原则，调研的内容包括一般技术性了解（对设计构思、总体布局、平面组织和空间造型的基本了解）和使用管理情况调查（对管理、使用两方面的直接调查）两部分。最终调研的成果应以图文形式尽可能详尽而准确地表达出来，形成一份永久性的参考资料。

3.3.2 资料搜集

相关资料的搜集包括规范性资料和优秀设计图文资料两个方面。

建筑设计规范是为了保障建筑物的质量水平而制定的，建筑师在设计过程中必须严格遵守这一具有法律意义的强制性条文，在我们的课程设计中同样应做到熟悉、掌握并严格遵守。对建筑设计工作影响最大的规范有日照规范、消防规范和交通规范等。

优秀设计图文资料的搜集与实例调研有一定的相似之处，只是前者是在技术性了解的基础上更侧重于实际运营情况的调查，后者仅限于对该建筑总体布局、平面组织、空间造型等技术性方面的了解。但简单方便和资料丰富则是后者的最大优势。

以上所着手的任务分析可谓内容繁杂、头绪众多，工作起来也比较单调枯燥，并且随着设计的进展会发现，有很大一部分的工作成果并不能直接运用于具体的方案之中。我们之所以坚持认真细致、一丝不苟地完成这项工作，是因为虽然在此阶段我们不清楚哪些内容有用（直接或间接）、哪些无用，但是我们应该懂得只有对全部内容进行深入系统地调查、分析、整理，才可能获取所有的对我们至关重要的信息资料。

3.4 方案设计的构思与选择

完成第一阶段后，我们对设计要求、环境条件及前人的实践已有了比较系统全面的了解与认识，并得出了一些原则性的结论，在此基础上可以开始方案的设计了。本阶段的具体工作包括设计立意、方案构思和方案优化。

3.4.1 设计立意

立意即创作主题。立意是创作意图的体现，是创作的灵魂。所谓"意在笔先"，是强调立意在构思之前。

成功的设计立意可以在满足建筑基本问题的基础上，把设计对象的内涵和境界推向更高层次。好的立意对方案构思有决定性的指导作用。

评判一个设计立意的好坏，不仅要看设计者认识、把握问题的立足高度，还应该判别它的现实可行性。例如要创作一幅名为"深山古刹"的画，我们至少有三种立意的选择，或表现山之"深"，或表现寺之"古"，或"深"与"古"同时表现。可以说这三种立意均把握住了该画的本质所在。但通过进一步的分析，我们发现三者中只有一种是能够实现的。苍山之"深"是可以通过山脉的层叠曲折得以表现的，而寺庙之"古"是难以用画笔来描绘的，自然第三种亦难实现了。在此，"深"字就是它的最佳立意（至于采取怎样的方式手段来体现其"深"，那则是"构思"阶段应解决的问题了）。

在确立立意的思想高度和现实可行性上，许多建筑名作的创作给了我们很好的启示。

例如流水别墅，它所立意追求的不是一般意义视觉上的美观或居住的舒适，而是要把建筑融入自然、回归自然，谋求与大自然进行全方位对话，并将其作为别墅设计的最高境界去追求。它的具体构思从位置选择、布局经营、空间处理到造型设计，无不是围绕着这一立意展开的（图 3-7、图 3-8）。

图 3-7　流水别墅

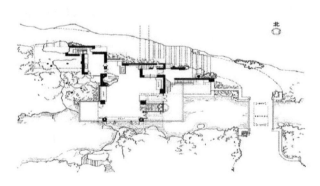

图 3-8　流水别墅总平面图

又如朗香教堂，它的立意定位在"神圣"与"神秘"的创造上，设计师认为这是一个教堂所体现的最高品质。也正是先有了对教堂与"神圣""神秘"关系的深刻认识，才有了朗香教堂随意的平面、沉重而翻卷的深色屋檐、倾斜或弯曲的洁白墙面、耸起且形状奇特的采光井以及大小不一、形状各异的深邃的洞窗，由此构成了这一充满神秘色彩和神圣光环的旷世杰作（图 3-9）。

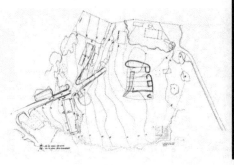

图 3-9　朗香教堂

　　丹麦伍重设计的悉尼歌剧院（图 3-10），立意源自形式；意大利奈尔维设计的罗马小体育宫（图 3-11），立意源自结构；吴良镛设计的北京菊儿胡同（图 3-12），立意源自文脉。

图 3-10　悉尼歌剧院

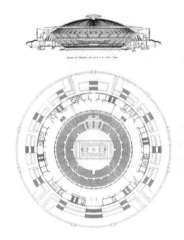

图 3-11　罗马小体育宫

图 3-12　北京菊儿胡同

3.4.2　方案构思

建筑造型设计涉及的因素较多，是一项艰巨的创作任务。理想的设计方案是在对各种可能性的探索、比较中产生和发展起来的。

建筑形象的创作关键在于构思。成功的创作构思虽能成于一旦，但实则渊源于对建筑本质的精谙、坚实的美学素养与广泛的生活实践。

1. 反映建筑内部空间与个性特征的构思

不同类型的建筑会有不同的使用功能，而不同的建筑功能所组成的建筑内部空间也会不同，也正是这些不同的功能与空间奠定了建筑的个性。也可以说，一幢建筑物的性格特征很大程度上是功能的自然流露。因此，对于设计者来说，应采用那些与功能相适应的外形，并在此基础上进行适当的艺术处理，从而进一步强调建筑性格特征并有效地区别于其他建筑。

医疗建筑立面开窗常为排列整齐的点窗或带形窗，并采用白色外墙和红十字作为象征符号，以强调建筑性格特征。幼儿园建筑多以鲜明的立面色彩、简单的几何形状来满足"童心"的生长需求，加上以班级为单位的"单元式"为主的多重组合的特点，构成了幼儿园建筑特有的性格特征。中小学校建筑的主要使用房间是教室，对光线要求较高，立面常为宽大、明亮的窗子，为满足大量学生的课间活动及休息，多采用外廊式布置。因此，连续成组的大面积开窗，通畅的外廊和宽敞的出入口成为它明显的特征。体育建筑巨大的比赛大厅以及特殊的大跨度空间结构构成了其舒展、宏大的外观形式，内部空间根据观赏的需求，多为椭圆形。比赛大厅周围采用台阶形式的环状看台，下方低矮空间则是观众入口以及运动员用房，这些都将通过外部形体而得到明确的反映。

2. 反映建筑结构及施工技术特征的构思

各个建筑功能都需要有相应的结构方法来提供与其相适应的空间形式。如为获得单一紧凑的空间组合形式，可采用梁板式结构；为适应灵活划分的多样空间，可采用框架结构；各种大跨度结构则能创造出各种巨大的室内空间。特别是一些大跨度和高层结构体系，往往可表现出特殊的结构美，如能适当地展示出来，会形成独特的造型效果。因此，从结构形式和施工技术入手构思，也是目前非常普遍的建筑创作思路。

加拿大蒙特利尔预制装配式盒子住宅以"间"为单位在工厂预制生产，现场装配，造型别致，充分体现了盒子建筑简约的结构美以及高效的装配施工特点（图 3-13）。

日本代代木体育馆屋顶采用悬索结构，索网表面覆盖焊接起来的钢板。两馆外形相映成趣，协调而富有变化。建筑师创造性地把结构形式和建筑功能有机地结合起来，取得了良好的艺术效果（图 3-14）。

图 3-13　加拿大蒙特利尔预制装配式盒子住宅　　　　图 3-14　日本代代木体育馆

澳大利亚悉尼歌剧院位于悉尼市海滨，三组不同方向、不同大小的白色薄壳，远望如扬帆起航的船队，又如海滩上洁白的贝壳。美好的建筑形象离不开多组预应力 Y、T 形钢筋混凝土为肋骨拼接成的三角瓣形壳体结构。中国国家运动场因形似"鸟巢"而得名。建筑外形结构主要由巨大的门式钢架组成，其观众台顶部采用可填充的气垫膜，有效解决了阳光照射与顶层防水问题。该建筑成为了建筑形象、建筑结构、建筑材料与建筑施工有机结合的佳作。

美国密尔沃基市美术馆将斜拉大桥与建筑主体有机结合，并在顶部设立了双翼般的活动百叶，跟随太阳有效地遮挡了阳光的直射，成为了一座"有生命的博物馆"（图 3-15）。

3. 反映不同地域与文脉特征的构思

世界上没有抽象的建筑，只有具体地区的建筑。建筑是有一定地域性的，受所在地区的

61

图 3-15　美国密尔沃基市美术馆

地理气候条件、地形条件、自然条件以及地形地貌和城市已有建筑地段、环境的制约，建筑会表现出不同的特点。如南方建筑注重通风，轻盈空透，而北方建筑则显得厚重封闭。建筑的文脉则表现在地区的历史、人文环境之中，强调传统文化的延续性，即一个民族、一个地区的人们长期生活形成的历史文化传统。

　　考虑多雨、湿热的气候特点，南方住宅多开敞、通透。坡屋顶、粉墙黛瓦、花窗、圆门洞，充分体现出传统"中国风"的特点。敦煌机场充分借鉴了敦煌石窟的造型特点，古朴的站房造型，构成了现代与传统的对比，体现了敦煌的地域文脉特色，展示了人类建筑文明的发展轨迹（图 3-16）。

图 3-16　敦煌机场

　　黄龙饭店位于历史文化名城杭州，其造型为方形平面的组合，设计出了斜度为 15° 的四坡顶，塔楼顶层的小阳台借鉴了江南民居吊脚楼的手法，凸形横梁等多处细节均是对传统建筑构件的抽象，可引起人们对当地历史文脉的联想（图 3-17）。

　　4. 反映基地环境与群体布局特征的构思

　　除功能外，地形条件及周围环境对建筑形式的影响也是一个不可忽视的重要因素。如果说功能是从内部来制约形式的话，那么地形便是从外部来影响形式。一幢建筑之所以设计成

图 3-17　杭州黄龙饭店

为某种形式，追根溯源，往往都和内、外两方面因素的共同影响有着密切的关系。因此，针对一些特殊的地形条件和基地环境，常成为建筑构思的切入点。

山西大同悬空寺发展了我国的建筑传统和建筑风格，因地制宜，充分利用峭壁的自然形态布置和建造寺庙各部分建筑，将一般寺庙的平面建筑布局、形制等运用在立体的空间中，山体、钟鼓楼、大殿、配殿等设计得非常精巧（图 3-18）。

广西桂北吊脚楼在崎岖不同的桂北山区、峡谷或江边凌空而建，犹如一条条长龙，气势宏伟，它们有的紧密地挨在一起，有的依地势叠在一起，有的蜿蜒几公里或骑架在堤岸上，这些早已成为了结合地形和环境的桂北建筑的特点（图 3-19）。

63

图 3-18　山西大同悬空寺

图 3-19　广西桂北吊脚楼

5. 反映一定象征与隐喻特征的构思

在建筑设计中，把人们熟悉的某种事物或带有典型意义的事件作为原型，经过概括、提炼、抽象，成为建筑造型语言，让人联想并领悟到某种含义，以增强建筑感染力，这就是具有象征意义的构思。隐喻则是利用历史上成功的范例或人们熟悉的某种形态，甚至历史典故，择取其某些局部、片段、部件等，重新加以处理，使之融于新建筑形式中，借以表达某种文化传统的脉络，使人产生视觉—心理上的联想。隐喻和象征都是建筑构思常用的手法。

印度巴哈依教礼拜堂造型如同一朵浮在水面、由莲叶衬托、含苞欲放的莲花，象征宗教的超欲出凡、走向清净的大同境界（图 3-20）。

图 3-20　印度巴哈依教礼拜堂

　　四川自贡彩灯博物馆以"灯是展品，馆也是展品"的构思，造型以悬挑宫灯为基本元素，在展馆的不同部位以圆形、棱形的灯窗进行组合，创造出象征灯群的外貌，使人一目了然。建筑平面采取错层布置的方法，高低起落有致，空间层次丰富，并结合园林环境，使得整体风格一致，主题鲜明，体现出一派喜气洋洋的氛围。西班牙瓦伦西亚天文馆以"知识之眼"为设计概念，眼睛是人类观察世界、了解浩宇的灵魂之窗。圆球状的瞳孔为全天域放映室，眼帘上部以薄壳结构包覆，眼帘下部为弧形玻璃外加宛如睫毛的金属油压支架，天气热时眼帘会自动开启调节室内的微气候，它启迪着人们打开智慧的双眼去探索宇宙的奥秘（图 3-21）。

　　甲午海战纪念馆位于威海刘公岛，以北海舰船和民族英雄人物为原型，表现了当年甲午海战中炮火硝烟、血染疆场的悲壮画面，从而激发人们的爱国情怀（图 3-22）。

图 3-21　西班牙瓦伦西亚天文馆

图 3-22　甲午海战纪念馆

　　纽约环球航空公司候机楼外形像展翅的大鸟，动势很强，屋顶由四块现浇钢筋混凝土壳体组成，凭借现代技术把建筑同雕塑结合起来，极具表现力的混凝土外部造型和高大的内部空间可使公众产生丰富的想象。

3.4.3　方案优化

1. 多方案的必要性

多方案构思是建筑设计的本质反映。对于建筑设计而言，认识和解决问题的方式是多样的、相对的和不确定的。这是由于影响建筑设计的客观因素众多，在认识和对待这些因素时设计者任何稍微的侧重就会导致不同的方案对策，只要设计者没有偏离正确的建筑观，所产生的任何不同方案就没有简单意义的对错，而只有优劣之别。

多方案构思也是建筑设计目的性所要求的。无论是对于设计者还是建设者，方案构思是一个过程而不是目的，其最终目的是取得一个尽善尽美的实施方案。然而，我们又怎样去获得这样一个理想而完美的实施方案呢？我们知道，要求一个"绝对意义"的最佳方案是不可能的。因为在现实的时间、经济以及技术条件下，我们所能够获得的只能是"相对意义"上的，即在可及的数量范围内的"最佳"方案。在此，唯有多方案构思是实现这一目标的可行方法。

另外，多方案构思是民主参与意识所要求的。让使用者和管理者真正参与到建筑设计中来，是建筑以人为本这一追求的具体体现，多方案构思所伴随而来的分析、比较、选择的过程使其真正成为可能。这种参与不仅表现为评价选择设计者提出的设计成果，而且应该落实到对设计的发展方向乃至具体的处理方式提出质疑，发表见解，使方案设计这一行为活动真正担负其应有的社会责任。

2. 多方案构思的原则

为了实现方案的优化选择，多方案构思应满足如下原则：

1) 应提出数量尽可能多，差别尽可能大的方案。如前所述，供选择方案的数量大小以及差异程度是决定方案优化水平的基本尺码；差异性保障了方案间的可比较性，而相当的数量则保障了科学选择所需要的足够空间范围。为了达到这一目的，我们必须学会从多角度、多方位来审视题目，把握环境，通过有意识、有目的的变换侧重点来实现方案在整体布局、形式组织以及造型设计上的多样性与丰富性。

2) 任何方案的提出都必须是在满足功能与环境要求的基础之上的，否则，再多的方案也毫无意义。为此，在方案的尝试过程中就应进行必要的筛选，随时否定那些不现实、不可取的构思，以避免时间及精力的无谓浪费。

3. 多方案的比较与优化选择

当完成多方案后，应展开对方案的分析比较，从中选择出理想的发展方案。分析比较的重点应集中在 3 个方面：

1) 比较设计要求的满足程度。是否满足基本的设计要求（包括功能、环境、结构等诸因素）是鉴别一个方案是否合格的起码标准。一个方案无论构思如何独到，如果不能满足基本的设计要求，也绝不可能成为一个好的设计。

2) 比较个性特色是否突出。一个好的建筑（方案）应该是优美动人的，缺乏个性的建筑（方案）肯定是平淡乏味，难以打动人的，因此也是不可取的。

3) 比较修改调整的可能性。虽然任何方案或多或少都会有一些缺点，但有的方案的缺陷尽管不是致命的，却是难以修改的。如果进行彻底的修改不是带来新的更大的问题，就是完全失去了原有方案的特色和优势。对此类方案应给予足够的重视，以防留下隐患。

3.5　方案的调整与深入

选择出了最佳方案，接着的主要任务是解决方案在比较分析过程中所出现的主要问题，同时弥补设计缺陷。调整方案是对原方案进行适度的修改与补充，不但要保留原方案的个性特色，而且要提升原方案的优势和水平。主要内容有：

1）强化与周边环境的关系，完成较为详细的总平面图。

2）细化各组成空间的大小、特性及相互关系，完成较为详细的平面设计。

3）完成建筑的形象设计，做出建筑立面图和轴测分析图。

4）完善结构和构造。

5）考虑建筑设备的要求。

到此为止，方案的设计深度仅限于确立一个合理的总体布局、交通流线组织、功能空间组织以及与内外相协调统一的体量关系和虚实关系，要达到方案设计的最终要求，还需要一个从粗略到细致刻画、从模糊到明确落实、从概念到具体量化的进一步深化的过程。

深化过程主要通过放大图纸比例，由面及点，从大到小，分层次分步骤进行。方案构思阶段的比例（一般的小型建筑设计）多为1:200或1:300，到方案深化阶段其比例应放大到1:100甚至1:50。

在此比例上，首先应明确并量化其相关体系、构件的位置、形状、大小及其相互关系，包括结构形式、建筑轴线尺寸、建筑内外高度、墙及柱宽度、屋顶结构及构造形式、门窗位置及大小、室内外高差、家具的布置与尺寸、台阶踏步、道路宽度以及室外平台大小等具体内容，并将其准确无误地反映到平、立、剖及总图中。该阶段的工作还应包括统计并核对方案设计的技术经济指标，如建筑面积、容积率、绿化率等，如果发现指标不符合规定要求，须对方案进行相应调整。

其次应分别对平、立、剖及总图进行更为深入细致的推敲刻画。具体内容应包括总图设计中的室外铺地、绿化组织、室外小品与陈设，平面设计中的家具造型、室内陈设与室内铺地，立面图设计中的墙面、门窗的划分形式、材料质感及色彩光影等。

在方案的深入过程中，除了进行并完成以上的工作外，还应注意以下几点。

1）各部分的设计尤其是立面设计，应严格遵循一般形式美的原则，注意对尺度、比例、均衡、韵律、协调、虚实、光影、质感以及色彩等原则规律的把握与运用，以确保取得一个理想的建筑空间形象。

2）方案的深入过程必然伴随着一系列新的调整，除了各个部分自身需要适应调整外，各部分之间必然也会产生相互作用、相互影响，如平面的深入可能会影响到立面与剖面的设计，同样立面、剖面的深入也会涉及平面的处理，对此应有充分的认识。

3）方案的深入过程不可能是一次性完成的，需经历深入——调整——再深入——再调整多次循环过程，这其中所体现的工作强度与工作难度是可想而知的。因此，要想完成一个高水平的方案设计，除了要求具备有较高的专业知识、较强的设计能力、正确的设计方法以及极大的专业兴趣外，细心、耐心和恒心是其必不可少的素质品德。

第 4 章

设计方案表达

4.1 建筑方案设计草图

4.1.1 草图的概念

一个好的建筑师，必须具备一双和头脑一样灵巧的手。设计师要创造的作品最终是一个实物，不管有多少理念和思想在里面，最后必须要在建筑中体现出来。建筑是一个形象化的物体，所以设计师必须学会将理念转化为形式，这一转化的过程就需要草图。

绘制草图是一种建筑师必须要培养的能力，利用草图随时记录下头脑中的设想与构思，形象地把思想中的符号呈现在纸上，运用线条来表现建筑和空间，使自己的想法视觉化（图4-1）。

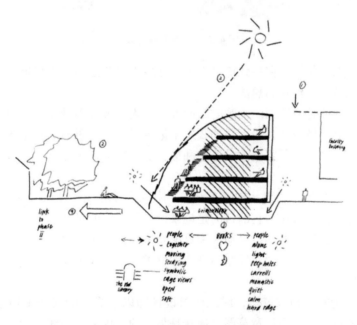

图 4-1　剑桥大学法律系馆草图

CAD 和手绘的区别在于，CAD 是进行比较精确、确定性的描绘，但手绘一开始的时候线条是不确定性的，通常在描绘最初想法的过程中，那些看似杂乱的线条，一些并不具有确定性的线条，恰好启发了想法和灵感，于是有了方案的发展，而这些可能是原本预料不到的，所以从最开始的想法到最终的成果，可能有很大的变化。

草图不仅仅是思维的记录和表达，与此同时，也是发展设计思维的最好工具。在画草图的过程中会进一步启发建筑师的丰富想象力，帮助思考，这是一个相辅相成、互动的过程。任何设计，从最初的设想和灵感到最终成品的完成，这一个漫长而复杂的过程，都需要借助草图，从局部和整体上来修改自己的方案，从局部到整体，从模糊到清晰，一步步深化，一步步将思想转化为实体（图4-2）。

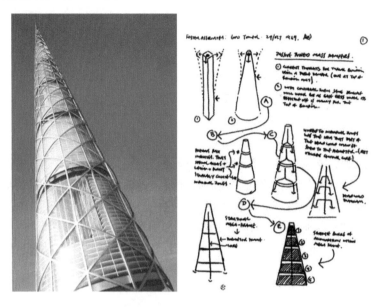

图4-2　伦敦千禧大厦

　　通常的做法是先把草图画在一张拷贝纸上，然后再覆盖上另一张拷贝纸，来完善、修改原来的设计，或试验另一种新的想法。

　　草图是一种特殊种类的绘画。图画的绘制方法、表达方式多种多样，而草图是其中最快捷的一种。草图要求用最概括、最简化的线条来记录或表达出思想。它不要求与真实形式完全相像，但必须具有设计师所要表达的思想和最主要的特征在里面。

4.1.2　草图的特点

　　（1）快速　草图是指在相对短的时间内，利用以线条为主的形式，描绘物象特征，并记录在纸面上的一种艺术形式。它的目的是记录设计师瞬间的灵感和第一感受，因此要求时间相对较短，带有一定的随意性、灵动性和自由删减性。不必拘泥于图面效果，而鼓励自由挥洒，随意、灵动的线条更能激发发散的创造性思维。如果线画错了，可以再画一根正确的线来纠正造型（图4-3）。

　　（2）简洁　因为时间相对较短，因此要求设计师以最简练的线条来描绘出心中的艺术形态，突出其主体特征。一幅示意草图，通常是很小的，仅有几条线条构成，用来捕捉特定的构思和面貌、解释某些建筑的细节，或研究透视中的一个特殊的角度。只需要利用线条的抑扬顿挫，抓住对象的基本结构、几何造型和强劲有力的形体特征就足够了（图4-4）。

　　（3）概括　概括就是以极少的语言来归纳对象的形态，并诉说其内容之深意，去繁存简，取舍有道，以形成整体的意象。草图具有高度的概括性。一幅草图虽然往往在极短的时间内完成，但对于真正优秀的设计师而言，瞬间的把握已足以体现出他对于对象特征的高度提炼及概括能力了。一个真正的设计可能要经过数月甚至数年的深入和优化，但往往最初的一幅小小的速写，却包含了一个复杂的项目的所有主要元素（图 4-5）。

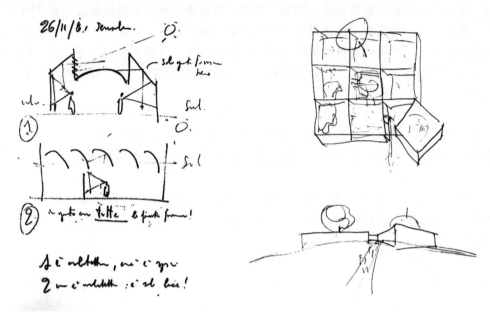

<table><tr><td>图 4-3　设计草图</td><td>图 4-4　设计草图</td></tr></table>

（4）清晰　草图天生注定是以线条画为主。一幅好的草图能清晰地表达设计师的理念，每一根线条都带有明确的含义，形象精炼、概括。除此之外，线面结合也是常见的形式之一，有时在结构转折处衬一些明暗调子，能增强表现力，强调体块关系（图 4-6）。

69

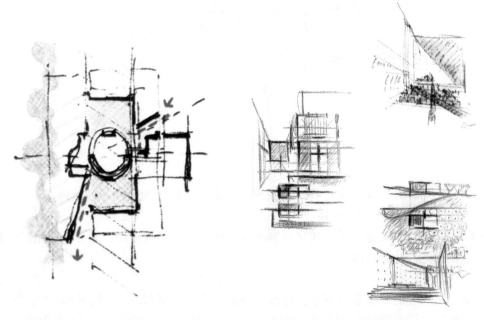

<table><tr><td>图 4-5　设计草图</td><td>图 4-6　设计草图</td></tr></table>

草图对工具的要求相当低，主要是轻巧而便于携带，可以在任何情况下迅速取出使用。一般手头有什么笔和纸就用什么，钢笔、铅笔、针管笔、速写本都是最常用的草图工具。而当有一定的条件和环境时，还可以配合使用炭笔、彩色铅笔、马克笔、水彩、色粉笔、油画棒以及有色纸等。不同的笔可以描绘出不同风格的线条，体现不同的肌理效果。彩色铅笔和马克笔可以快速地表现色彩，可选择几种常用颜色携带。同时，应经常携带速写本，随时观察和记录生活、建筑和想法。

4.1.3 标注图例

本节涉及的一些要素都是易出成效的"小"要素，训练起来难度也不大，还能同时训练整体控制能力、自我训练能力，大都是从小处入手、以小见大的好方法。

1. 尺寸标注

（1）尺寸线 尺寸线是细实线，建议至少要画两条尺寸线，即一条分尺寸线、一条总尺寸线。另外，根据需要可增加小计尺寸线，也就是分尺寸线、小计尺寸线、总尺寸线三道尺寸线俱全。

（2）尺寸界线及起止符号 尺寸界线也是细实线，一般与尺寸线垂直，离图近的一侧略长。尺寸的起止符号一般用粗斜线或圆点标注。如果尺寸界线使用粗斜线标注，其倾斜方向应与尺寸界线成顺时针45°角。X轴的尺寸界线是从右上到左下画斜线，Y轴的尺寸界线是从左上到右下画斜线。

明确、清晰、美观的尺寸界线及起止符号不仅便于读图，而且层次分明（图4-7）。

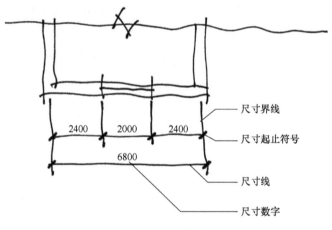

图4-7 尺寸标注

（3）尺寸标注是两向标注 我国制图规范规定尺寸标注为两向标注，即X轴为正常标注，Y轴则需要逆时针转90°标注。

（4）尺寸数字的写法 尺寸数字一般注写在靠近尺寸线的中部，最好不要用斜体数字，以免干扰图面内容、影响读图。

2. 定位轴线的标注

许多人做方案的时候会忽视定位轴线，意识不到定位轴线对方案创作的重要性。实际上，定位轴线除了有明确承重结构的作用以外，还有加强方案逻辑、清晰方案构成、理顺方案条理等作用。建议养成先画定位轴线、再深入内容的习惯，先研究定位轴线的间距和排布形式，然后核算面积，进而把定位轴线的网格画出来，再把草图纸蒙在定位轴线的网格上不断深入空间和功能组合。

我国制图规范规定，定位轴线应用点划线绘制，在图面四周标注编号，横向编号为阿拉伯数字，从左至右顺序编写，竖向编号则为大写的英文字母，从下至上编写（图 4-8）。为了避免混淆，规定不准使用 I、O、Z 三个字母，而字母不够用时，可增加双字母或单字母加数字注脚，如 A_A、B_B……Y_A 或 A_1、B_1……Y_1。

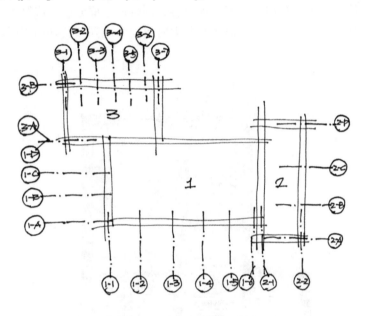

图 4-8　定位轴线的标注

3. 标高的标注

在实际工作中，不仅剖面图需要标注标高，平面图、立面图也需要标注标高。标注的原则为"至少双向校核"，即剖面图标注了标高，而平面图、立面图至少要有一种图纸也标注标高，这样这些不同图纸中的标高就起到了互相校核的作用。

（1）标高符号　标高符号为三角形，标高符号的尖端应指至被注高度的位置，尖端一般应向下，也可向上。标高数字应注写在标高符号的右侧或左侧，总平面图室外地坪标高符号宜用涂黑的三角形表示（图 4-9）。

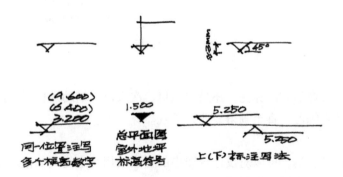

图 4-9　标高符号及写法

（2）标高数字单位　剖面标高数字以米为单位，且精确到小数点后 3 位数字。在总平面图中，可精确到小数点后 2 位。

（3）注意正负标高的写法　室内地面层的标高一般是 ±0.000，负数标高要加上"－"号，正数标高不加"＋"号。

4. 面积标注

面积标注一般采用矩形框的方式，即用矩形框把面积数字套上，以便于读图。如果需要标注建筑面积、使用面积、套型名称等多项内容，则将矩形框分格做成简单的表格形式。需要注意的是，在做家具布置、卫生间地砖绘制的时候要考虑到预留好面积标注矩形框的位置（图 4-10）。

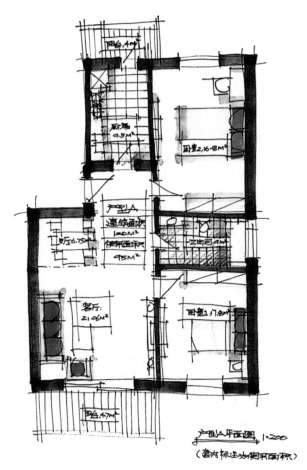

图 4-10　面积标注

5. 箭头标注

无论是台阶、楼梯的方向标注，还是主入口、次入口、辅助入口的标注，还是分析图中的箭头，都需要认真练习，直至画得专业、美观。

6. 要素例图

作为一般的设计表达，可以对设计草图中的要素采用约定俗成的概念示意画法，这样不仅可以提高效率，而且并不会引起歧义。

设计草图的画法和深度有很多种，设计草图中的墙体、门、窗等要素逐步形成了一些约定俗成的快速画法，用于清晰表达设计意图、设计概念（图 4-11）。

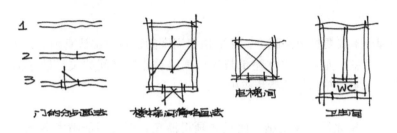

图 4-11　要素例图——约定俗成的概念示意画法

4.1.4　总平面图

一般来说，从总平面图入手进行方案创作与设计表达的优越性要远远大于从平面图开始。

首先，从总平面图入手做方案，会使得设计师建立起根据城市与街区的大环境、街道与周边建筑的小环境推导方案需求的专业习惯，而不是单纯考虑项目本身、孤立地看待创作。其次，从总平面图入手做方案，才能随时处于整体思维的状态，否则就容易顾此失彼、因小失大（图 4-12）。

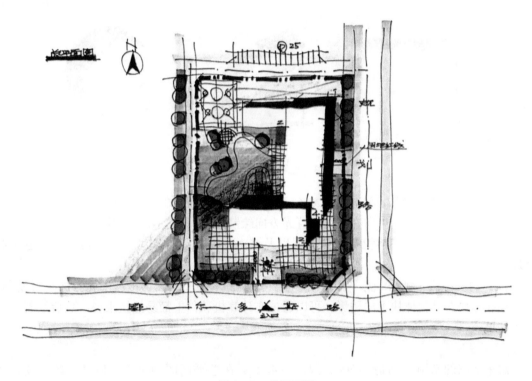

图 4-12　总平面图

1. 尺度比例

设计草图中的总平面图因为与其他图纸比例不同，因此设计师很容易搞错尺度，很多人甚至因为在局部用错了比例尺而导致总图错误。所以建议自己制作尺度参考纸板，即用卡纸做好总图比例的标准面积正方形，可以做好若干个以便于组合、测定大致的面积和尺度。

2. 周边环境

环境的处理，不仅要把道路画全，还应该把周围的建筑也都认真画上，周边环境需要标注尺寸、层数等信息，尤其是主体建筑与周边道路、建筑之间的关系最好标注得越详细越好，这样才能真正实现总图的功能和作用。

3. 符号标注

（1）指北针　指北针不仅要画，而且要画得漂亮，但是不能喧宾夺主。应注意在指针头部注写"北"或"N"字。

（2）风玫瑰　对风向敏感的设计项目总图中需要画上风玫瑰图代替指北针。

（3）楼层数　楼层数有两种标注方式，一种是用圆点表示，一种是直接标注数字。建议都用数字表示，避免混乱。

（4）尺寸标注　建筑、道路、主要设施、周边环境，最好能够标注尺寸，以便于读图。

4. 阴影画法

很多人不习惯在总图上画阴影，因为施工图的总图一般不画阴影。但是作为方案的草图表达来说，总图上绘制阴影对更好地表达体块关系、强调实体感有很大好处（图4-13）。

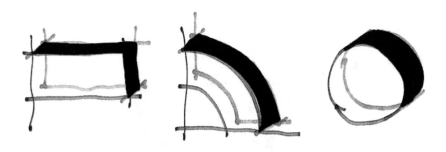

图4-13　总平面图中的阴影画法

（1）示意型阴影画法　这种方式适合没学过求阴影方法的人，也适合需要快速绘制总图的情况。只需根据阳光方向在建筑的背光方向绘制暗色即可，高的建筑阴影要比矮的建筑长，其目的是表达出建筑体块之间的关系以及基本的高度差异。对树木和其他设施也照此办理。

（2）制图型阴影画法　总平面图阴影实际上就是平面上的图形根据阳光方向平行复制，然后连线体块在其他体块上的阴影，可以通过在计算机软件上简易建模求得，然后绘制到草图上即可。

5. 配景深度

总平面图的常用比例是1∶500，因此一般不会在总平面图中画人，但是会画上树、草坪、水池、停车场上的车以及其他设施。在方案草图表达阶段，总图上的树不必画得非常精细和逼真，草坪、水池等也要研究出简易画法，车的画法也不能太复杂（图4-14）。

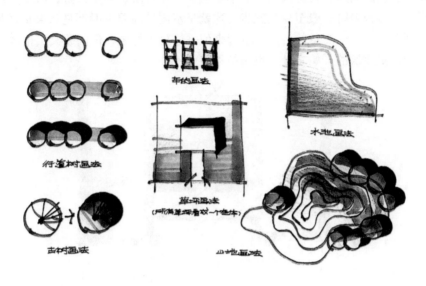

图 4-14　总平面图中的配景

4.1.5　平面图

1. 轴网

轴网就是前面讲到的定位轴线，画平面图一定要画轴网，因为这是方案的骨骼、架构、逻辑。一旦骨骼架构出了问题，方案只是单纯的进行不同功能空间的拼接、组合，平面方案就会毫无构架、逻辑可言。

2. 墙体

方案阶段的墙体不必一定要按照真实的墙厚比例去画，只需能够分辨出内墙与外墙、承重墙与非承重墙即可。

在与甲方交流中，为了使得方案表达更有立体感和视觉冲击力，也可以给墙体绘制阴影。快题考试也可以这样画，这样视觉表现力强，往往会获得较好的印象。

为了使得没有画窗子的墙体不显得空，一般会强调墙体的交点出头。交点出头不仅能够使得墙体更加挺实、画面手绘味十足，而且更有手绘特有的感觉。

墙体加粗和涂黑都可以，在方案阶段，重点是表达方案意图，而不是表达结构设计。对1:200以下的比例，建议涂黑，这样画起来速度快。而对大比例的平面图，由于墙体很厚，对于太粗的墙体，一般不会做简单的涂黑处理，一般是把墙体轮廓线做加粗处理，加上交点处做细线出头的强调，就能显得层次分明、粗细得当。

关于墙体的色彩，建议试试多种颜色，不建议仅仅使用黑色。一般除了黑色，还会用暗色，比如赭石、熟褐、暗红、墨绿、灰蓝等，但一般不会采用明亮、鲜艳的色彩。

3. 台阶

台阶表达的是室内外高差，所以必须画出来，但它很容易被忽略。那些需要通过设计台阶造型以与整体构思形成浑然一体的设计构思，则更需要统一分析、统一设计。

画台阶最容易出错的地方是箭头标注。很多人会从室外地面向室内方向画台阶的箭头标注，但这是错误的，应该以室内地坪为准向室外画箭头。

75

　　另外需要注意的问题，就是人们一般不习惯于一步台阶、两步台阶，由于步数太少而容易踩空，因此大多数台阶一般至少是三步，这就是室内外高差一般都是 0.45m 的原因。

　　总之，别看只是一个简单的台阶，看起来似乎好算也好画，但问题其实很多，非常需要大家重视。台阶是建筑的开始之处，也是结束点（图 4-15）。

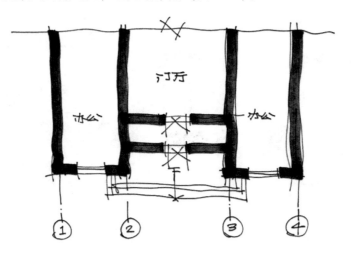

图 4-15　轴网、墙体、台阶

4. 楼梯

　　（1）楼梯的优先性和重要性　　如果说轴网是方案的骨骼体系，那么交通体系就是方案的脊椎，而楼梯则是重要的关节。楼梯是交通体系的重要组成部分，也是建筑防火的重要节点，因此设计中往往首先要考虑的是楼梯的位置和设计。在做功能分区之前，应该先对交通体系和楼梯位置进行分析和确定，然后再分析各个功能分区。很多人恰恰相反，一上来就做功能分区，等到最后才会研究楼梯的位置、防火分区的划分，结果是一旦出现问题就是需要进行大的结构性改动。

　　（2）楼梯的防火分类　　开敞式楼梯间、封闭式楼梯间、防烟楼梯间、防烟前室、送排风管井以及不能作为疏散楼梯的楼梯间类型等，这些楼梯的定义与规定都需要认真阅读《建筑设计防火规范》《民用建筑设计通则》等相关规范。

　　（3）楼梯的计算　　楼梯实际上很容易计算宽度、长度、阶数等数据，但是很多人没有形成习惯，也没有做过专题训练，往往随意空出一个空间当作楼梯间，心里想着以后再计算，结果等到方案基本成型了才会发现楼梯间由于种种原因根本放不下。这种把简单的事情都往后拖的习惯，很多人都有，把大量的小事都推到后面，结果就是大量本可以形成的小成就感被搁置，大脑一直处于"什么也没做完"的焦虑之中，于是方案创作就成了痛苦的过程，而不是快乐设计了。

　　（4）楼梯的画法　　如果实际项目每次都画出楼梯台阶，有助于不断校核，而不至于到最后才发现计算有问题。也可以临时用示意的画法，即不按照真实的梯段阶数绘制，但是图例画法应保持正确，决不能用文字代替。楼梯的"上""下"是必须标注的，切记不能省略（图 4-16）。

5. 电梯

　　电梯的图例中小的矩形框表示的是配重块，因此需要配重块的电梯不要忘记画这个小矩

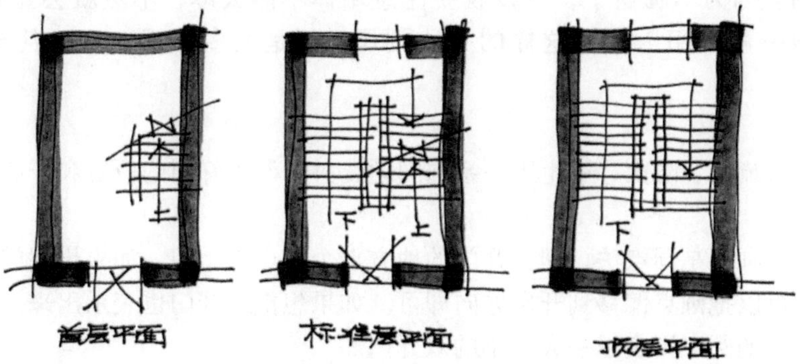

图 4-16 楼梯

形框。有的电梯是新型电梯，不需要配重块，比如有的医用电梯等是升降机，没有配重块；有的电梯是特种电梯，配重块可能不在电梯后部，或许在左侧、右侧。因此，要根据电梯种类的不同，区分不同的画法，这需要查阅所用电梯的说明书。

电梯地板与楼板之间是断开的，要画出分界线，这一点容易被忽略。

消防电梯有特别的规范要求，尤其是前室的加压送风、排风管井，必须在方案阶段就考虑到，否则往往会因为交通核设计的面积不足或者难以布置而导致后期方案被迫做很大的改动。

电梯一般位于交通核中，而交通核中的各种上水、下水、强电、弱电、空调等管井所占的面积往往很大，需要在方案阶段就多与这些专业的设计师沟通，以免交通核设计过小导致后期被迫改动整个方案（图 4-17）。

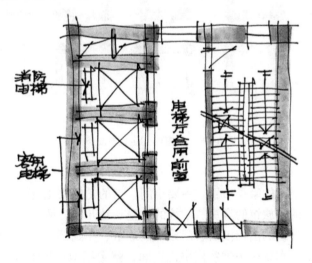

图 4-17 电梯

6. 窗

在快速设计、快题考试中，如果时间很紧张，这些要素在时间紧张的情况下是可以省略或者简略的，因为我们的目标是清晰表达设计构思，而不是面面俱到。

在方案阶段，除非是玻璃幕墙、高侧窗、天窗等与方案构思直接相关的窗子，一般的窗子可以不画。因为不画窗子，所以就要注意墙体不能太厚，不然就会显得很空，所以方案设计阶段一般不用 1：100 这样的大比例尺，而是大多采用 1：200 甚至 1：300 的比例尺。

7. 门

门因为涉及疏散、防火、逃生等一系列问题，科学设置好门的位置和开启方向是至关重要的事情。

门的第一种画法是圆点法，即在开门的地方点个圆点表示门。如果想把门的开启方向也表达出来，则可以把圆点偏移到开启方向即可。如果想把双开门也表示出来，则可以用两个圆点，一大一小的圆点则表示一大一小的双开门。

门的第二种画法是短线法，即在开门的地方画短粗线表示门。短粗线的方向与墙体垂直，偏离墙体中线表达开启方向，双开门的方式与圆点法类似。

这两种画法画起来很快，在快速设计、快题设计时间紧张的时候，也可以采用（图 4-18）。应特别注意，楼梯间疏散门、防火门、外门应该按照设计规范规定的正式图例绘制。

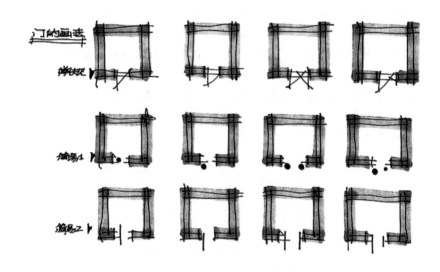

图 4-18 门窗的约定俗成的画法

8. 家具布置

这里说的是主要空间的家具布置。主要空间，指的是模块化空间、大堂空间。

模块化空间，指的是旅馆的客房、学校的教室、幼儿园的活动室、办公楼的办公室、写字楼的写字间、商业建筑的出租模块、门诊部的诊室、住院部的病房、医技部的检查间、法院的审判庭、车站的候车室……这些模块化空间，就像细胞一样组成了最重要的功能面积、功能体块，因此这些细胞是否合理，就成了重中之重。如果这些细胞本身就不合理，那么整体就会出现大问题，就不得不重新改方案。因此，有经验的设计师一般都会先对项目中的模块化空间做深入研究，直至设计出最好的几种类型，做到心中有数，才会做整体的方案构思（图 4-19）。

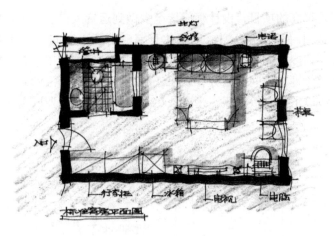

图 4-19　家具布置

9. 卫生间

卫生间的布置一旦不合理，往往会导致方案出现很大的改动，甚至会出现不得不修改柱网尺寸的尴尬。这与楼梯、电梯、管井等看起来似乎是小事情却会引起方案的重大改动的道理一样，应该在方案初期就重视这些会引起方案大改动的空间的合理布局。

首先要注意的是位置。卫生间应该处于不容易被看到、但是很容易能找到的位置，而且最好是便于多向到达，即无论是向哪一个方向寻找，都能找到卫生间。其次要注意的是前室，前室一般最好是男女分开。然后要注意的是盥洗池，清洗拖布是卫生间很重要的功能之一，如果忽视了这一点，就会导致空间不足等问题（图 4-20）。

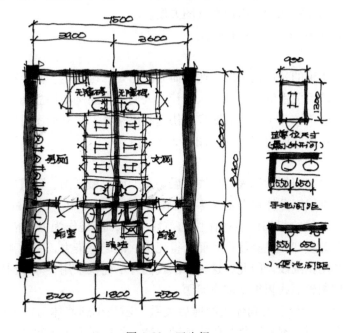

图 4-20　卫生间

79

10. 厨房

对厨房要求不是很高的项目，设计师应该至少做到运货入口、员工入口、垃圾出口等出入口清晰，然后要做到厨师长办公室、厨师休息室、厨师更衣间、厨师淋浴间、厨师卫生间、主食库、副食库、冷藏库、冷冻库、主食粗加工、主食细加工、副食粗加工、副食细加工、备餐间、洗消间等基本空间的划分，以保证流线的清晰、分区的明确。对厨房要求很高的项目，比如三星级以上的高级酒店，则应该在方案阶段就与专业的厨房设计与施工公司合作、咨询（图4-21）。

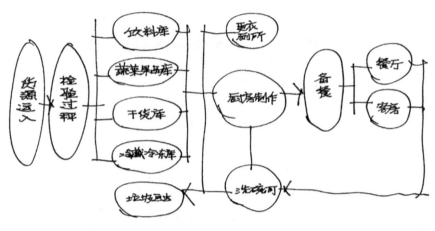

图 4-21　厨房

11. 指北针

设计规范规定在总图、一层平面图中标注指北针。如果遇到各层平面都有不同的形状，建议每层平面图都加注指北针，以使得读图方便。

平面图示例如图4-22～图4-24所示。

4.1.6　立面图

给方案带来真实感的是透视图的表达，而立面图是二维表达，甚至在体块复杂的时候还会造成人们对体块前后关系的误解。那么为什么人们现在还是在用立面图创作、设计、交流和表达呢？原因很简单，一个是立面图容易快速画出来，二是立面图可以测量尺寸。以下是立面图的五个表达目标，应引起重视（图4-25）。

1. 体块关系

很多人习惯通过加粗轮廓线表达体块前后关系，而机械制图、建筑制图规范中都提到了用粗线、中粗线和细线区分体块前后关系的画法，包括SketchUp这样的软件也能够根据设置选项自动调整轮廓线的粗细以表达体块的前后关系，但是作为方案创作的交流与表达而言，这些加粗的轮廓线却往往会使得画面显得死板、缺乏感染力，有时甚至会引起误解，让人以为绘图的人乱用粗细线。因此，这种方法我们并不建议采用，除非时间太紧，没有时间画阴影，只好靠控制轮廓线粗细来解决问题。

（1）阴影表达　无论是大到体块的前后关系，还是小到墙体与窗子的前后关系，甚至窗格与玻璃的前后关系，都需要靠阴影来帮助表达。目前很多人懒得画阴影，结果导致自己脑子里的体块关系、各个元素的前后关系由于没能清晰地表达出来，结果造成了读图人的

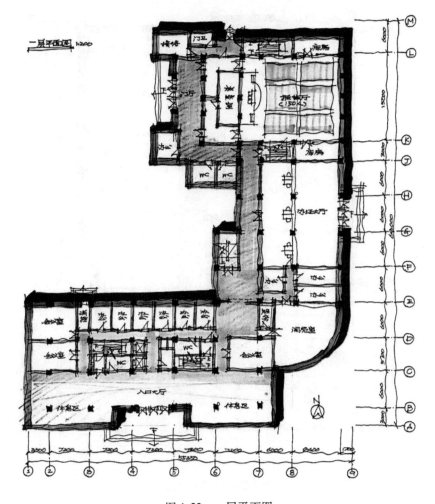

图 4-22　一层平面图

误解。

（2）明暗表达　前面的体块清晰、对比明确，后面的体块变淡、对比变弱，这样就能更清晰地表达体块的前后关系。这种表达方式因为有空气感、层次感，因此非常有效果。

（3）取舍表达　前面的体块详尽表达，后面的体块相对粗略提炼，这样能让人一眼就看出来前后关系了。

上述三种表达体块前后关系的方法既可以单独使用，也可以混合使用。等到通过大量训练和实践形成了本能，那么哪怕是简单的体块，也一样能够画得潇洒舒畅，形成强烈的感染力。

2. 立面元素

（1）阴影的重要性　跟画家不同的是，建筑设计师极其重视阴影，因为只有阴影，才能使得物体的表达更加实体化、真实化。由于除了斜立面图，大多数立面图都是正立面图，而正立面图一般没有明暗关系，因此阴影的表达对立面的真实感、可靠感有着重要的作用。

（2）避免幼稚色彩　建筑在人造物中位于最高等级之一，规划、景观、室内等也基本如此，对人类而言，等级越高、色彩越趋于统一。如果把规划、建筑、景观、室内的图画得

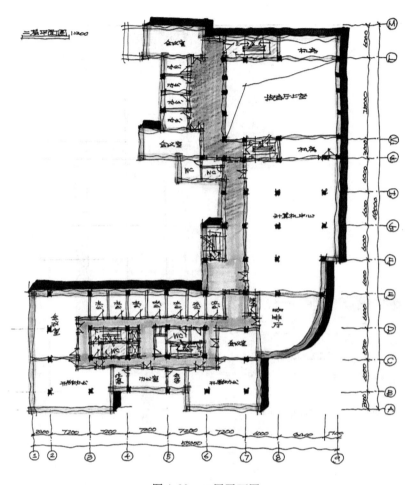

图 4-23　二层平面图

色彩斑斓、幼稚鲜艳，虽然表面上看是具备了很强的视觉冲击力，实际上却降低了画面的等级。

（3）扬长避短、提炼取舍　设计草图的立面表达要学会扬长避短地解决问题。比如不太擅长画具象的人、车、树，那么就不要强求自己画，反而破坏了整个画面，甚至彻底影响了很好的设计构思，这种情况下最好的选择就是不画具象的配景，代之以提炼过的示意画法或用文字注解可能更有效。

3. 尺寸关系

标注尺寸不仅可以帮助深化方案，而且图面有了标注，会使得读图方便、顺利，因此，对立面图的标注有百利而无一害，不能总是画光秃秃的立面图，结果是大脑里充斥着各种需要记住的尺寸、标注，而使得自己几乎难以对方案进行深入思考。

（1）标注定位轴线　方案图制图中大多不要求标注定位轴线，实际上，无论是总图、平面图、立面图、剖面图基至轴测图，还是构思草图，如果养成标注定位轴线的习惯，会使设计师对方案的架构明确、逻辑清晰起到极好的提示作用。标注定位轴线，会使得设计师能够牢记整体构思、不断进行整体思维。同时，定位轴线还有校核作用，便于随时与其他图纸比较，避免出现漏掉一个开间或者柱跨的常见失误。

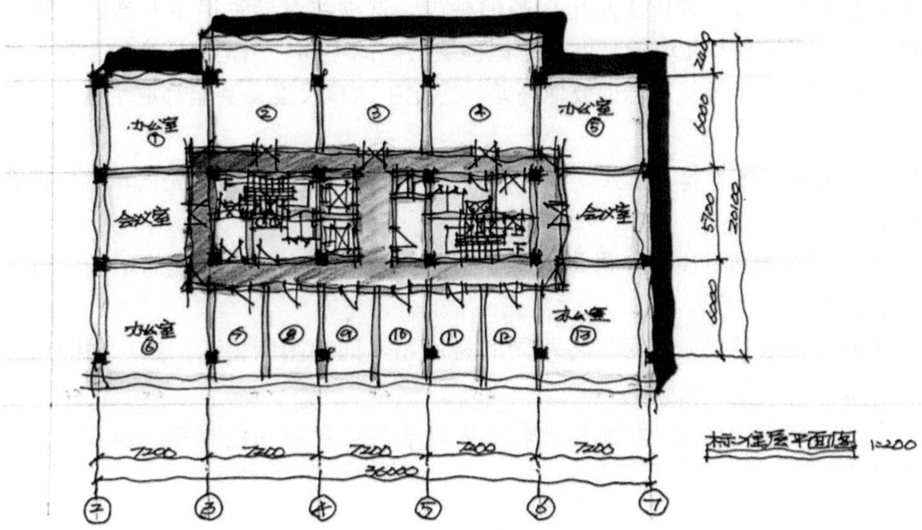

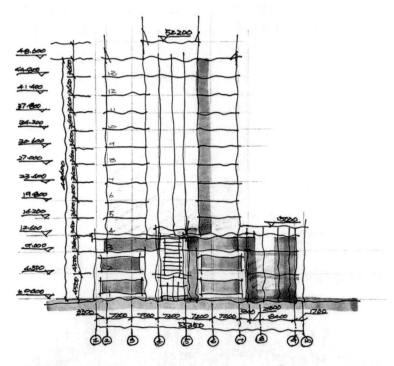

图 4-24　标准层平面图

立面图表达训练——体块关系·立面元素·尺寸关系·材质区分·设计意图

图 4-25　立面图表达训练

（2）标注尺寸　设计院校的方案图几乎不要求标注尺寸，实际上，对立面开间标注尺寸有很多好处，尤其是使得设计师可以不必随时靠记忆时刻提醒自己那些与其他开间略有变化的开间尺寸，提高工作效率。

（3）标注标高　在立面图上忘记标高的标注，这种习惯导致很多人难以训练出立面要素的尺度感，而忘记画女儿墙的高度、忘记顶层层高的不同、忘记底层商铺层高、忘记画设备层、忘记底层室内外高差、忘记坡地高差、忘记主入口尺度，甚至都成了常见错误。

4. 材质区分

立面图上的材质区分非常重要，如果做好了材质构成，那么即使是简单的立面也会出现丰富的可能。

（1）通过注解表达材质　如果目前不知道怎样通过画法表现材质的不同，可用文字注解的方式表达出材质。

（2）通过图例表达材质　可以将不同的材质用不同的图例去画，然后在图面上标注好图例，方便根据图例分清材质。

（3）通过画法表达材质　用画法比较真实地表达出材质和色彩是最佳方法，需要大量的观察与训练。

5. 设计意图

（1）通过文字注解说明设计意图　通过在立面图上做引出注释的方式讲解立面中的各个部分的设计意图，再辅以图纸上写的整体设计说明，就能基本清晰表达设计师的设计意图。

（2）通过立面比较讲解设计意图　如果目前处于概念方案阶段，这一阶段的主要目标是阐述方案设计意图，不必拘泥于单纯的立面表现，而是应该不拘一格、用立面比较的方法对不同的方案构思进行分析（图 4-26 ~ 图 4-29）。

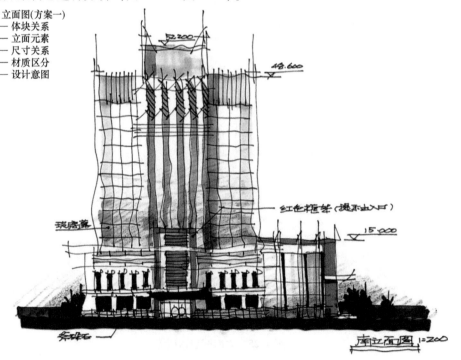

图 4-26　立面图（方案一）

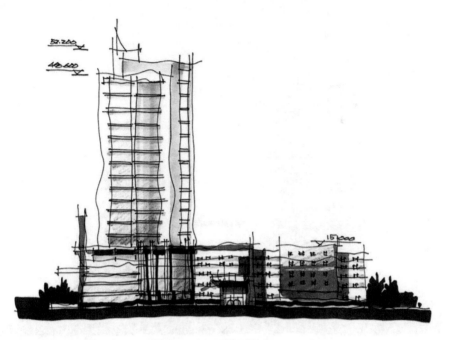

图 4-27　立面图（方案一）

立面图(方案二)
— 体块关系
— 立面元素
— 尺寸关系
— 材质区分
— 设计意图

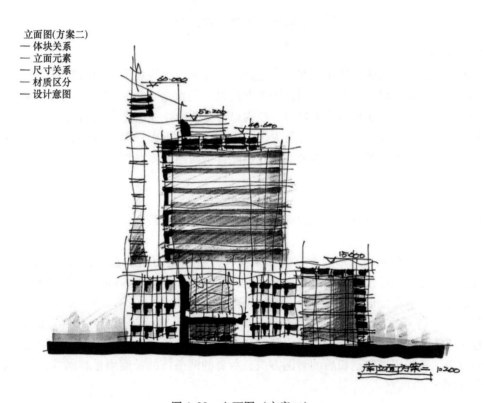

图 4-28　立面图（方案二）

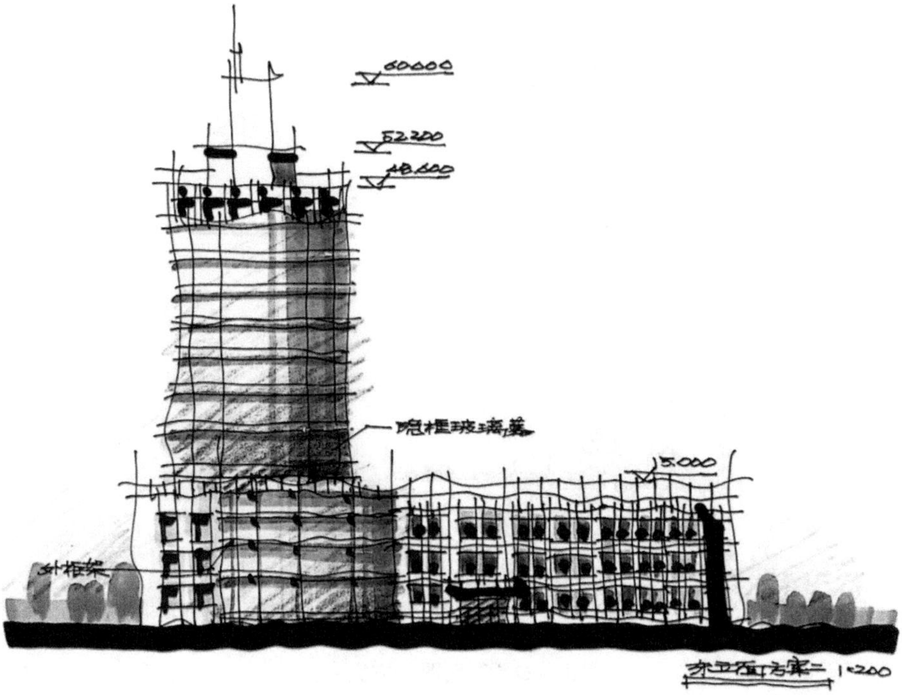

图 4-29 立面图（方案二）

4.1.7 剖面图

平面图能够表达出平面尺寸与细节，立面图能够表达出外观尺寸与细节，而建筑内部的高差、层高、净高、梁板、楼梯、门窗等要素的尺寸与细节，就需要剖面图才能表达清楚。设计初学者往往会忽视剖面图的重要性，在构思与草图中往往会把剖面图的推敲与绘制放在最后考虑，结果往往会造成很多疏忽与失误，比如楼梯上不去、梁下净高不足等错误，从而因小失大，甚至导致方案不得不推翻重做。因此，剖面图应该在构思期间同步绘制，而不是割裂出来。

1. 剖切线

剖切线符号、标号很容易被忘记标注，或者剖切符号的两根线长短表示错误。这里需要提醒的有两点。

（1）剖切位置的选择　不能存在为了不缺项而绘制剖面图的心理，而是应该以清晰表达建筑内外情况为目标，因此凡是有楼梯、电梯、台阶、高差、内部门窗等必须依靠剖面图表达的部分，都应设置剖切线并编号、绘制剖面图。

（2）剖切符号的正确表示　剖切符号分两种，一种是表达剖切起点和终点的剖切符号，一种是用于转折剖切情况下表示转折点的剖切符号。前者的两条线的长度并不相同，长线指向剖切方向，短线则指向剖切后的看图方向；后者的两条线的长度则是相同的，其交点即为转折点（图 4-30）。

2. 高度标注

（1）总高度　由于设计规范对建筑的总高度有着明确规定，以此确定哪部分是高层建筑、哪部分是多层建筑，因此剖面图中一定要标注各个不同高差的部分的不同总高度。相关

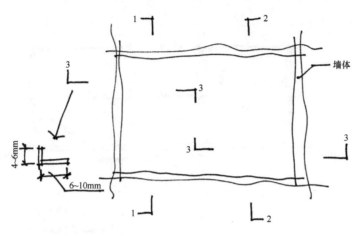

墙体

4~6mm

6~10mm

图 4-30　剖切线

的规定可自行查阅设计规范。

（2）分段高度　裙房部分、高层部分、退台部分等分段总高度需要清晰标注在标注尺寸的时候，要组织好标注的层次。

（3）标高　各个楼层的标高一定要标注，同时，所有存在高差的部分的标高也一定要标注清晰。

（4）层高　只有标高是不够的，同时需在尺寸线中清晰地标注各层层高。

（5）内外高差　室内外高差、房间内外高差往往会被忽略，应注意不要忘记标注相关标高。

（6）空间高差　在有空间高差的部分剖切，才能清晰地表达设计意图。因此，只要是在构思中产生了空间高差的思路，就要马上意识到这里需要绘制剖面，以研究构思和清晰地表达意图。

3. 定位轴线

如果平面图标注了定位轴线的编号，那么剖面图上也需要标注定位轴线的编号，这样才能清晰地表达剖面图中相关要素的确切位置。同理，定位轴线之间的尺寸也需要标注，以形成双向校核的可能。

4. 构件

梁、板、柱、门、窗、吊顶、管线、孔洞等需要在剖面图中表达的要素，要根据设计阶段的需要尽可能标注清楚，以免出现由于前期考虑不周导致后期不得不修改层高、梁高、柱宽、门高、窗高、管径、结构的尴尬局面。还有，由于设计规范以消防高度作为建筑高度的依据，因此屋顶的局部构筑物等应该表达清楚，以证明高度计算的准确性。这时，及时与相关专业沟通、请教显得尤为重要。

综上所述，剖面图的剖切位置、绘制与标注，都是研究设计构思、清晰表达设计意图的重要内容，绝不能因为在学校课程设计中养成了不喜欢绘制剖面图的坏习惯而一直忽视剖面图。同时，由于剖面图不仅要标注标高，还要标注相关尺寸，应该使用三道尺寸线标注法，这样不仅可以清晰表达，而且可以双向或多向校核，有效避免单纯在平面图上标注尺寸而出现的校核失误。剖面图画法示例如图 4-31、图 4-32 所示。

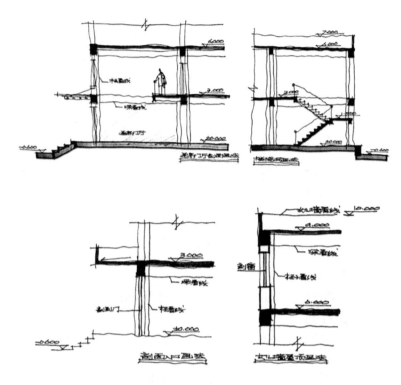

图 4-31　剖面图的尺寸及标高、文字注解的标注方式

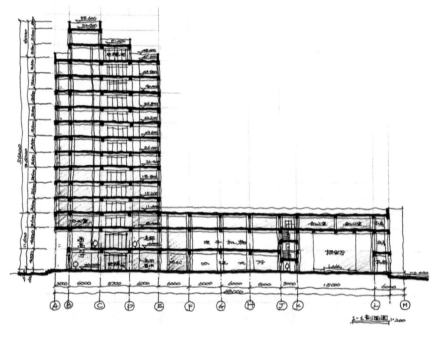

图 4-32　剖面图

4.1.8　透视图

当设计概念初步形成的时候，就需要根据核心概念对体块以及要素进行抓大放小模式的排序与提炼，以决定在透视图中重点表达哪些设计要素。这里所说的抓大放小，指的是专门提炼出最能够表达设计意图的要素，比如体块、色彩、结构、重要细部等，而把那些待定要素、非核心的细节暂时忽略不计。这样绘制出来的透视图重点明确，便于分析和归纳设计的可行性，也便于与别人交流和讨论时真正把精力集中于最核心部分，即设计的概念是否可以发展以及实施上（图 4-33、图 4-34）。

图 4-33　透视图（方案一）

图 4-34　透视图（方案二）

89

1. 透视图的表达

（1）使用目标角度 大多数设计项目都有几个典型的目标角度，比如转角、街景、对景、行人、入口、附近高楼鸟瞰、远景、城市天际线等。设计师应该对项目做目标角度分析，并确定出几个必须分析的典型目标角度，以这些角度作为求透视的基本模板，有利于设计师一直是面向目标进行方案分析。

很多设计师不注重目标角度的分析和筛选，而是随意地选取角度就开始分析自己的方案。在以计算机建模为主的设计师中，这种随意选取角度推敲方案的现象更是比比皆是，根本不做视点、视线、视角分析，随意抓个角度就输出成图片去进行交流、讨论，浑然忘记了自己最终需要输出的是哪些目标角度。因此，透视图的目标是验证设计概念，而验证就需要目标角度才能做真正的验证与分析，以及说服自己和别人。

（2）从立面验证 由于现行的设计制图规范规定了必须绘制立面图，因此立面图是否会好看、是否能表达方案特性也就成为了重要的部分。

我们需要随时根据透视效果迅速反映到立面图上，以验证立面图会不会出现比例、均衡、色彩等问题，并将此阶段的立面图及时反馈到透视图上，以做互动验证。这种反复的验证是常态的设计过程，因此设计师必须具备快速绘制设计草图的能力，而快速的绘制能力一旦训练成了本能化的能力，又会使得大脑因为不必再费神于绘制层面中而获得解放，于是就会不断产生更多的思路。

由于立面图可以测量，因此立面图比例要尽量准确，尤其是重要的结构构件、造型要素更要注意比例尺度的准确性，以便于判断其可行性。

（3）与平面互动 透视图可以相对直观地验证设计概念在各个实际视点的造型可行性、适应性和标志性；立面图可以相对准确地验证设计概念生成的各个造型要素的尺度、比例、可行性；平面图则需要保证平面上的功能合理、符合规范法规，因此必须与其他图纸不断进行实时互动。

很多人往往拘泥于先做平面、后做立面、再做透视之类的顺序去做方案，就好像必须等到平面完全合理了才能进行下一步。这种严格的串联工作顺序实际上是受到了学校设计教学的误导，教学中之所以采用串联式的设计流程，实际上是因为考虑到学生的基础薄弱，所以才会如此安排以扎实学生的基本能力。实际工作中，方案创作必须是多维的、互动的、并联的，只有这样才是做真正的多维度设计。

由此可见，透视图、立面图、平面图、剖面图、总图、轴测图、分析图都是实时互动、并联进行的，只有这种多维度的工作模式，才能保证获得多维度的设计成果。

2. 鸟瞰图的目标

当代人们更乐于了解设计的来龙去脉，往往会很好奇地从附近的高层建筑上观察其他建筑的体块构成、造型组合，甲方也更乐于通过设计师制作的鸟瞰图了解设计生成的内在逻辑、功能分区、总图格局、环境关系等要素。因此，从前那种不重视鸟瞰图的想法开始变得陈旧了，而关注设计概念的清晰表达的鸟瞰图则开始变得越来越不可或缺了。

现在的鸟瞰图，身兼顶部造型、整体构成、体块组合、造型逻辑、功能格局、环境分析、分期建设等众多方面的表达与分析于一体，已经不是或有或无的一张陪衬图了。

绘制鸟瞰图之前要先做表达目标列表，即这张鸟瞰图（或者几张鸟瞰图）的表达目标都有哪些，哪些要素需要重点表达，然后对这些表达目标做排序，再根据排序进行鸟瞰图的表达策划（图 4-35、图 4-36）。

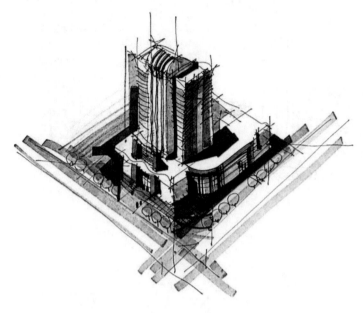

图 4-35　鸟瞰图

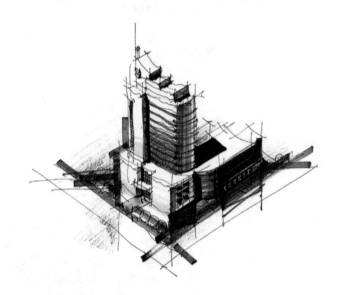

图 4-36　鸟瞰图

4.1.9　分析图

对方案而言，通过分析图逐步论证方案的合理性与优越性，不仅仅是在讲解方案本身，同时也是在展示方案创作师值得信任、值得合作、值得托付的专业能力。一套论证严密、逻辑流畅、创新多赢、绘制完善的分析图，不仅是在简明易懂地解析方案的生成与优点，更是在向他人展示方案创作师的智慧与能力（图 4-37～图 4-39）。

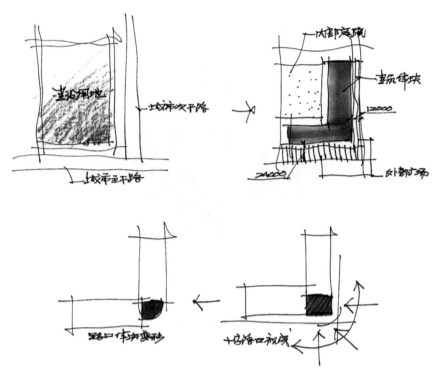

图 4-37　分析图一

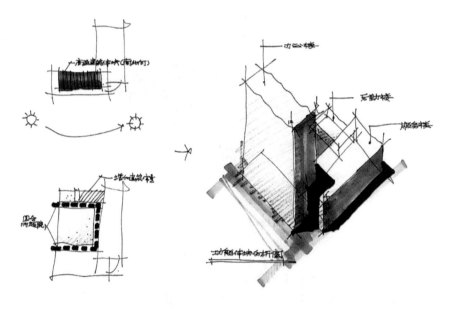

图 4-38　分析图二

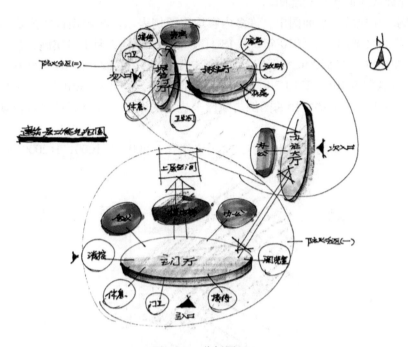

图 4-39　分析图三

4.2　建筑工程图的表达

4.2.1　建筑总平面图

建筑总平面图是表明新建建筑所处基地范围内的总体布置的一种图样，它反映新建、拟建、原有和拆除的房屋、构筑物等的位置和朝向，室外场地、道路、绿化等的布置，地形、地貌、标高等以及与原有环境的关系和邻界情况等（图 4-40）。

建筑总平面图也是建筑及其他设施施工定位、土方施工以及绘制水、暖、电等管线总平面图和施工总平面图的依据。总平面图的主要图示内容如下。

1）建设场地的环境状况，如地理位置，用地范围，建筑物占地界限，地形等高线，原有建筑物、构筑物、道路，水、暖、电等基础设施干线。

2）计划拆除的原有建筑物和构筑物。

3）新建工程所在建设区域内的总体布置，如新建建筑物、构筑物、道路、绿化等的布局情况。

4）新建建筑物的定位及层数。新建工程的定位有两种方法，一种是利用原有的建筑物、构筑物、道路等永久性固定设施，用其相互间的定位尺寸确定新建工程的位置；另一种是采用坐标网确定新建工程的位置。

5）有关的标高和尺寸。标注新建建筑物首层室内地面、室外设计地坪和道路中心线处的绝对标高，以及新建工程的有关距离尺寸等。在总平面图中，标高、距离均以 m（米）为单位，注写至小数点后两位，但不注写单位。

6）未来计划扩建的工程位置。

7）指北针或风向频率玫瑰图。

8）图例。在建筑总平面图中，许多内容均用图例表示。我国现行的建筑制图国家标准是住建部主编和批准的，于2010年8月18日发布，2011年3月1日实施，包括《房屋建筑制图统一标准》（GB/T 50001—2010）、《建筑制图标准》（GB/T 50104—2010）、《建筑结构制图标准》（GB/T 50105—2010）以及《总图制图标准》（GB/T 50103—2010）等，以下简称"国标"，其规定了一些常用的图例。国标未规定的图例，设计者可以自行规定，但是要有图例说明。

9）比例。总平面图的比例比较小，常用比例有1:500，1:1000，1:2000等。

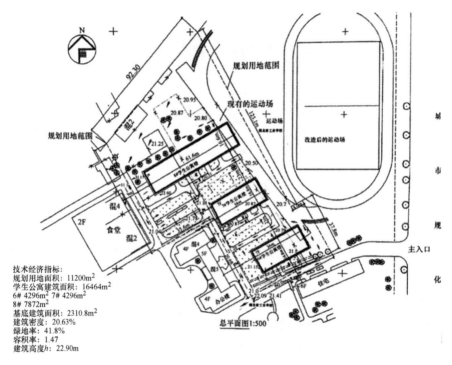

技术经济指标：
规划用地面积：11200m²
学生公寓建筑面积：16464m²
6# 4296m² 7# 4296m²
8# 7872m²
基底建筑面积：2310.8m²
建筑密度：20.63%
绿地率：41.8%
容积率：1.47
建筑高度h：22.90m

图4-40　建筑总平面图

4.2.2　建筑平面图

建筑平面图是建筑施工图的主要图纸之一，是施工图中的重要图纸。建筑平面图简称平面图，主要表示建筑的平面形状，内部房间布置及朝向，内外交通联系以及墙、柱、门窗等构配件的位置、尺寸、材料和做法等内容。在施工过程中，它是放线、砌墙、门窗安装、设备安装、室内装修、备料及编制预算的重要依据。

1. 建筑平面图的形成

把建筑用一个假想的水平剖切平面沿门、窗洞口部位（指窗台以上，过梁以下的空间）水平切开，移出剖切平面以上的部分，把剖切平面以下的物体投影到水平面上，所得的水平剖面图即为建筑平面图，简称平面图，即平面图实际上是剖切位置位于门窗洞口处的水平剖面图（图4-41）。

2. 建筑平面图的数量、内容分工及比例

一般情况下，建筑有几层就应画几个平面图，并在图的下方正中标注相应的图名，如底层平面图、二层平面图等。图名下方应加画一粗实线，图名右方标注比例。当建筑中间若干层的平面布局、构造情况完全一致时，则可用一个平面图来表达这若干层，称之为标准层平面图。

（1）底层平面图　底层平面图也叫一层平面图或首层平面图，是指 ±0.000 地坪所在的楼层的平面图（图 4-42）。它除表示该层相应的水平剖面图外，还应表达本栋建筑室外的台阶（坡道）、花池、散水和雨水管的形状和位置，以及剖面的剖切符号，以便与剖面图对照查阅。底层平面图上应标出指北针，其他层平面图上可以不再标出。

（2）中间标准层平面图　中间标准层平面图除表示本层室内形状外，还应画出底层平面图无法表达的

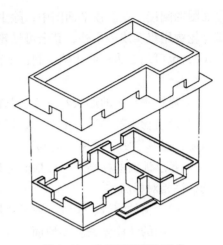

图 4-41　建筑平面图的形成

雨篷、阳台、窗楣等内容，而对于底层平面图上已表达清楚的台阶、花池、散水、垃圾箱等内容就不用再画出。三层以上的平面图则只需画出本层的投影内容及下一层的窗楣、雨篷等下一层无法表达的内容。

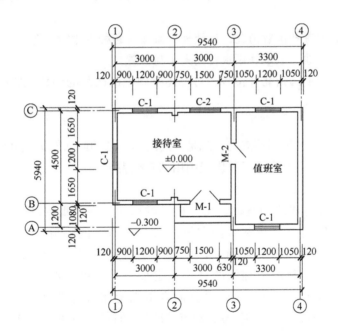

图 4-42　底层平面图

（3）顶层平面图　顶层平面图也可用相应的楼层数命名，其图示内容与中间层平面图的内容基本相同。

（4）屋顶平面图　屋顶平面图是指将建筑的顶部单独向下所做的俯视图，是屋顶的 H 面投影，主要是用来表达屋顶形式、排水方式、排水坡度及其他设施的图样。一般在屋顶平面图附近配以檐口、女儿墙泛水、变形缝、雨水口、高低屋面泛水等构造详图，以配合屋顶

平面图的阅读。在屋顶平面图中，除少数伸出屋面较高的楼梯间、水箱、电梯机房被剖到的墙体轮廓用粗实线表示外，其余可见轮廓线的投影均用细实线表示。屋顶平面图的比例常用1：100，也可用1：200的比例绘制，平面尺寸可只标轴线尺寸。

3. 建筑平面图的主要内容

1）建筑物平面的形状及总长、总宽等尺寸。

2）建筑物内部各房间的名称、尺寸、大小、承重墙和柱的定位轴线、墙的厚度、门窗的宽度，以及走廊、楼梯（电梯）、出入口的位置等。

3）各层地面的标高。一层地面标高定为±0.000，并注明室外地坪的绝对标高，其余各层均标注相对标高。

4）门、窗的编号、位置、数量及尺寸。一般图纸上还有门窗数量表用以配合说明。

5）室内的装修做法。如地面、墙面及顶棚等处的材料做法。较简单的装修，一般在平面图内直接用文字注明，较复杂的工程应另列房间明细表及材料做法表。

6）标注尺寸。在平面图中，一般标注三道外部尺寸。最外面一道尺寸为建筑物的总长和总宽，表示外轮廓的总尺寸，又称外包尺寸；中间一道为房间的开间及进深尺寸，表示轴线间的距离，称为轴线尺寸；里面一道尺寸为门窗洞口、墙厚等尺寸，表示各细部的位置及大小，称为细部尺寸。在平面图内还须注明局部的内部尺寸，如内门、内窗、内墙厚及内部设备尺寸等。

7）其他细部的配置和位置情况，如楼梯、搁板、各种卫生设备等。

8）室外台阶、花池、散水和雨水管的大小与位置。

9）在底层平面图上画指北针符号，另外还要画上剖面图的剖切位置符号和编号，以便与剖面图对照查阅。

4. 平面图的线型

建筑平面图的线型，按国标规定，凡是剖到的墙、柱的断面轮廓线宜用粗实线，门扇的开启示意线用中粗实线，其余可见投影线则用细实线表示。

5. 平面图的轴线编号

在施工图中通常将建筑的基础、墙、柱、墩和屋架等承重构件的轴线画出，并进行编号，以便于施工时定位放线和查阅图纸。对于非承重的隔墙、次要构件等，其位置可用附加定位轴线（分轴线）来确定，也可用注明其与附近定位轴线的有关尺寸的方法来确定。国标中对绘制定位轴线的具体规定如下：水平方向的轴线自左至右用阿拉伯数字依次连续编为1、2、3……竖直方向自下而上用大写英文字母依次连续编为A、B、C……并除去I、O、Z三个字母，以免与阿拉伯数字中的1、0、2三个数字混淆（图4-43）。

如建筑平面形状较特殊，也可以采用分区编号的形式来编注轴线，其方式为"分区号—该区轴线号"（图4-44），建筑平面定位轴线的编号轴线线圈用细实线画出，直径为8~10mm。

如平面为折线形，定位轴线的编号可以分区编注，也可以自左至右依次编注（图4-45）。

如平面为圆形平面，其径向轴线宜用阿拉伯数字表示，从左下角开始，按逆时针顺序编写；其圆周轴线宜用大写拉丁字母表示，从外向内顺序编写（图4-46）。

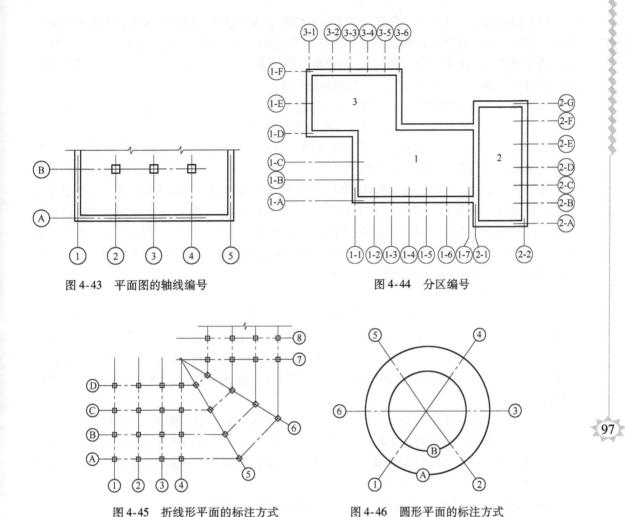

图 4-43　平面图的轴线编号　　　　　　　　图 4-44　分区编号

图 4-45　折线形平面的标注方式　　　　　图 4-46　圆形平面的标注方式

　　一般承重墙及外墙等编为主轴线,非承重墙、隔墙等编为附加轴线(又叫分轴线)。附加定位轴线的编号,应以分数形式表示,并应按下列规定编写两根轴线间的附加轴线:以分母表示前一轴线的编号,分子表示附加轴线的编号,编号宜用阿拉伯数字顺序编写。1 号轴线或 A 号轴线之前的附加轴线的分母应以 01 或 0A 表示(图 4-47)。

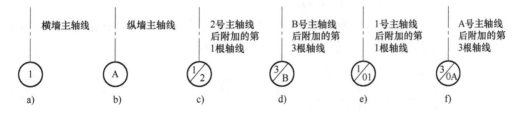

图 4-47　附加轴线的标注方式

6. 平面图的尺寸标注

建筑平面图标注的尺寸有外部尺寸和内部尺寸。

97

（1）外部尺寸　在水平方向和竖直方向各标注三道。最外一道尺寸标注房屋水平方向的总长、总宽，称为总尺寸；中间一道尺寸标注房屋的开间、进深，称为轴线尺寸（一般情况下两横墙之间的距离称为"开间"，两纵墙之间的距离称为"进深"）；最里边一道尺寸标注房屋外墙的墙段及门窗洞口尺寸，称为细部尺寸。

如果建筑平面图图形对称，宜在图形的左边、下边标注尺寸。如果图形不对称，则需在图形的各个方向标注尺寸，或在局部不对称的部分标注尺寸。

（2）内部尺寸　应标出各房间长、宽方向的净空尺寸，墙厚及与轴线的关系、柱子截面、房屋内部门窗洞口、门垛等细部尺寸。

平面图中应标注不同楼地面标高、房间及室外地坪等标高。为编制概预算的统计及施工备料，平面图上所有的门窗都应进行编号。门常用汉语拼音的第一个字母（大写），如"M1"或"M-1"表示，窗常用汉语拼音的第一个字母（大写），如"C1"或"C-1"表示，用数字表示门窗宽和高的尺寸，如 M1-0921 表示门洞宽 900mm，门洞高 2100mm；C2-0916 表示窗洞宽 900mm，窗洞高 1600mm。

7. 标注剖切符号、房间名称、索引符号等

（1）剖切符号　为了表示建筑竖向的内部情况，需要绘制建筑剖面图。其剖切符号应在底层平面图中标出，其符号为"⌐⌐"，其中表示剖切位置的"剖切位置线"长度为 6～10mm，剖视方向线应垂直于剖切位置线，长度应短于剖切位置线，宜为 4～6mm。如剖面图与被剖切图样不在同一张图纸内，可在剖切位置线的另一侧注明其所在图纸的图纸号。

（2）房间名称　平面图中各房间的用途，宜用文字标出，如"寝室""值班室"等。

（3）索引符号　在建筑图中某一局部或某一构件间的构造如需另见详图，应以索引符号索引，即在需要另画详图的部位编上索引符号，并在所画的详图上编上详图符号，两者必须对应一致。

索引符号由直径为 10mm 的圆和水平直径线组成，圆及水平直径线均应以细实线绘制，索引符号应按下列规定编写。

1）索引出的详图，如与被索引的详图同在一张图纸内，应在索引符号的上半圆中用阿拉伯数字注明该详图的编号，并在下半圆中间画一段水平细实线；如与被索引的详图不在同一张图纸内，应在索引符号的上半圆中用阿拉伯数字注明该详图的编号，在索引符号的下半圆中用阿拉伯数字注明该详图所在图纸的编号；如采用标准图，应在索引符号水平直径的延长线上加注该标准图集的编号（图 4-48）。

2）当索引符号用于索引剖面详图时，应在被剖切的部位绘制剖切位置线，并以引出线引出索引符号，引出线所在一侧应为剖视方向（图 4-49）。

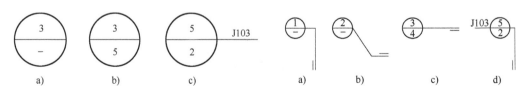

图 4-48　索引符号　　　　　　　　　图 4-49　用于索引剖面详图的索引符号

3）详图的位置和编号应以详图符号表示。详图符号的圆应以直径为 14mm 粗实线绘制。详图应按下列规定编号：详图与被索引的图样同在一张图纸内时，应在详图符号内用阿拉伯数字注明详图的编号；详图与被索引的图样不在同一张图纸内时，应用细实线在详图符号内画一水平直径，在上半圆中注明详图编号，在下半圆中注明被索引的图纸的编号（图 4-50）。

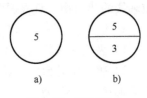

图 4-50　详图符号

4.2.3　建筑立面图

建筑立面图主要用来表达建筑的外部造型、门窗位置及形式、外墙面装修、阳台、雨篷等部分的材料和做法等。

1. 建筑立面图的形成

建筑立面图是用正投影法将建筑各个墙面进行投影所得到的正投影图，主要用于表示建筑物的体形和外貌，立面各部分配件的形状及相互关系，立面装饰要求及构造做法等（图 4-51）。

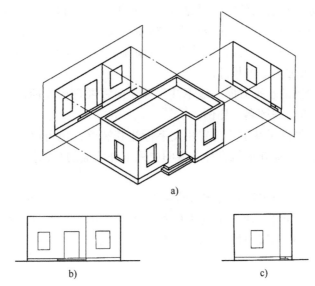

图 4-51　建筑立面图的形成

某些平面形状曲折的建筑物，可绘制展开立面图；圆形或多边形平面的建筑物，可分段展开绘制立面图，但均应在图名后加注"展开"二字。

2. 建筑立面图的数量、比例及命名方式

立面图的数量是根据房屋各立面的形状和墙面的装修要求决定的。当房屋各立面造型不同、墙面装修不同时，就需要画出所有立面图。

建筑立面图的比例与平面图一致，常用 1∶50、1∶100、1∶200 的比例绘制。

建筑立面图的图名，常用以下三种方式命名：

1）以建筑墙面的特征命名。常把建筑主要出入口所在墙面的立面图称为正立面图，其余几个立面相应称为背立面图，左、右侧立面图。

2）以建筑各墙面的朝向来命名，如东立面图、西立面图、南立面图、北立面图。

3）以建筑两端定位轴线编号命名，如①～⑧立面图，A～D 立面图等。国标规定，有定

位轴线的建筑物，宜根据两端轴线号编注立面图的名称。

3. 建筑立面图的主要内容

1）表明建筑物的立面形式和外貌，外墙面装饰做法和分格。

2）表示室外台阶、花池、勒脚、窗台、雨篷、阳台、檐沟、屋顶以及雨水管等的位置、立面形状及材料做法。

3）反映立面上门窗的布置、外形及开启方向（应用图例表示）。

4）用标高及竖向尺寸表示建筑物的总高和相对标高，以及各部位的高度和相对标高。

4. 立面图的线型

为使立面图外形更清晰，通常用粗实线表示立面图的最外轮廓线，而凸出墙面的雨篷、阳台、柱子、窗台、窗楣、台阶、花池等投影线用中粗线画出，地坪线用加粗线（粗度为标准粗度的1.4倍）画出，其余如门、窗及墙面分格线、雨水管以及材料符号引出线、说明引出线等用细实线画出。

5. 立面图的尺寸及标注

1）竖直方向应标注建筑物的室内外地坪、门窗洞口上下口、台阶顶面、雨篷、房檐下口、屋面、墙顶等处的标高，并应在竖直方向标注三道尺寸。里边一道尺寸标注房屋的室内外高差、门窗洞口高度、垂直方向窗间墙及窗下墙高、檐口高度等尺寸。中间一道尺寸标注层高尺寸，外边一道尺寸为总高尺寸。

2）水平方向立面图的水平方向一般不注尺寸，但需要标出立面最外两端墙的定位轴线及编号，并在图的下方注写图名、比例。

3）其他标注：立面图可在适当位置用文字标注其装修，也可以不注写在立面图中，以保证立面图的完整美观，而在建筑设计总说明中列出外墙面的装修做法。

4.2.4 建筑剖面图

建筑剖面图是表示建筑内部垂直方向的结构形式、分层情况、各层高度、建筑总高、楼面和地面的构造以及各配件在垂直方向上的相互关系等内容的图样。在施工时，可作为分层、砌筑内墙、铺设楼板和屋面板以及内装修等工作的依据，是与平、立面图相互配合的不可缺少的重要图样之一。

1. 建筑剖面图的形成

假想用一个平行于投影面的剖切平面，将建筑剖开，移去观察者与剖切平面之间的房屋部分，作出剩余部分的房屋的正投影，所得图样称为建筑剖面图，简称剖面图（图4-52）。将沿着建筑物短边方向剖切后形成的剖面图称为横剖面图，将沿着建筑物长边方向剖切形成的剖面图称为纵剖面图。一般宜选择在复杂、高差变化的部位进行剖切，以便尽可能清楚地表述建筑内部的空间变化。

2. 建筑剖面图的数量及比例

根据工程规模大小或平面形状复杂程度确定剖面图的数量。一般规模不大的工程，房屋的剖面图通常只有一个。

剖面图的比例常与同一建筑物的平面图、立面图的比例一致，即采用1:50、1:100和1:200的比例绘制，由于比例较小，剖面图中的门、窗等构件采用国标规定的图例来表示。

为了清楚地表达建筑各部分的材料及构造层次，当剖面图比例大于1:50时，应在剖到的构件断面中画出其材料图例。当剖面图比例小于1:50时，则不画具体材料图例，而用简

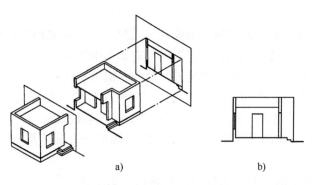

a)　　　　　　　　　　　b)

图 4-52　建筑剖面图的形成

化的材料图例表示其构件断面的材料，如钢筋混凝土构件可在断面涂黑以区别砖墙和其他材料。

3. 剖切位置及剖视方向

剖面图的剖切部位应根据图样的用途或设计深度，在平面图上选择能反映全貌、构造特征以及有代表性的部位剖切，一般在楼梯间、大厅以及阳台等处，并通过需要剖切的门、窗、洞口。实际工程中，剖切位置常选择在楼梯间处。剖面图的剖切位置应标注在同一建筑物的底层平面图上。

剖面图的剖视方向，平面图上剖切符号的剖视方向宜向左、向上，看剖面图应与平面图结合并对照立面图一起看。

4. 建筑剖面图的主要内容

1）表示被剖切到的建筑各部位，如各楼层地面、内外墙、屋顶、楼梯、阳台、散水、雨篷等的构造做法。

2）用竖向尺寸表示建筑物、各楼层地面、室内外地坪以及门窗等各部位的高度。竖向尺寸包括高度尺寸和标高尺寸。

3）表示建筑物主要承重构件的位置及相互关系，如各层的梁、板、柱及墙体的连接关系等。

4）表示屋顶的形式及泛水坡度等。

5）索引符号。

6）施工中需注明的有关说明等。

5. 剖面图的线型

剖面图的线型按国标规定，凡是剖到的墙、板、梁等构件的剖切线用粗实线表示，而没剖到的其他构件的投影线，则常用细实线表示。

6. 剖面图的尺寸标注

在建筑的平面图、立面图和剖面图中，图示的准确性是很重要的，应力求贯彻国标的相关规定，严格按国标规定绘制图样。其次，尺寸标注也是非常重要的，应力求准确、完整、清楚，并弄清各种尺寸的含义。

建筑平面图中总长、总宽尺寸，立面图与剖面图中的总高尺寸为建筑的总尺寸；建筑平面图中的轴线尺寸，立面图、剖面图中的层高尺寸为建筑的定位尺寸；建筑平面图、立面图、剖面图及建筑详图中的细部尺寸为建筑的定量尺寸，也称定形尺寸，某些细部尺寸同时

101

也是定位尺寸。

剖面图的标注，在竖直方向图形外部标注三道尺寸及建筑物的室内外地坪、各层楼面、门窗洞的上下口及墙顶等部位的标高。图形内部的梁等构件的下口标高也应标注，且楼地面的标高应尽量标在图形内。外部的三道尺寸，最外一道为总高尺寸，从室外地坪起标到墙顶止，标注建筑物的总高度；中间一道尺寸为层高尺寸，标注各层层高（两层之间楼地面的垂直距离称为层高）；最里边一道尺寸为细部尺寸，标注墙段及洞口尺寸。

1）水平方向：常标注剖到的墙、柱及剖面图两端的轴线编号及轴线间距，并在图的下方注写图名和比例。

2）其他标注：由于剖面图比例较小，某些部位如墙脚、窗台、过梁、墙顶等节点，不能详细表达，可在剖面图上的该部位处画上详图索引标志，另用详图来表示其细部构造尺寸。此外楼地面及墙体的内外装修，可用文字分层标注。

参 考 文 献

［1］彭一刚. 建筑空间组合论［M］. 北京：中国建筑工业出版社，2004.
［2］田学哲. 建筑初步［M］. 北京：中国建筑工业出版社，2003.
［3］蔡吉安. 建筑设计资料集［M］. 北京：中国建筑工业出版社，2017.
［4］龚静，高卿. 建筑初步［M］. 北京：机械工业出版社，2012.
［5］毛利群. 建筑设计基础［M］. 上海：上海交通大学出版社，2015.
［6］冯伟. 建筑设计基础［M］. 上海：上海人民美术出版社，2015.
［7］蔡惠芳. 建筑初步［M］. 北京：中国建筑工业出版社，2015.
［8］陈冠宏，孙晓波. 建筑设计基础［M］. 北京：中国水利水电出版社，2017.
［9］李延龄. 建筑设计原理［M］. 北京：中国建筑工业出版社，2011.
［10］张青萍. 建筑设计基础［M］. 北京：中国林业出版社，2011.
［11］朱瑾. 建筑设计原理与方法［M］. 上海：东华大学出版社，2009.
［12］王静. 日本现代空间与材料表现［M］. 南京：东南大学出版社，2005.
［13］程大锦. 建筑：形式、空间和秩序［M］. 3 版. 刘丛红，译. 天津：天津大学出版社，2008.
［14］赫曼·赫茨伯格. 建筑学教程 1：设计原理［M］. 仲德昆，译. 天津：天津大学出版社，2015.
［15］赫曼·赫茨伯格. 建筑学教程 2：空间与建筑师［M］. 仲德昆，译. 天津：天津大学出版社，2015.
［16］理查德·韦斯顿. 材料、形式和建筑［M］. 范肃宁，译. 北京：中国水利水电出版社，2005.